超解析

元宇宙新浪潮

深入理解微軟、
Meta等知名企業也關注的
新經濟模式與商機布局

THE BEGINNER'S GUIDE TO METAVERSE

60分でわかる！メタバース超入門

武井勇樹●著　童小芳●譯

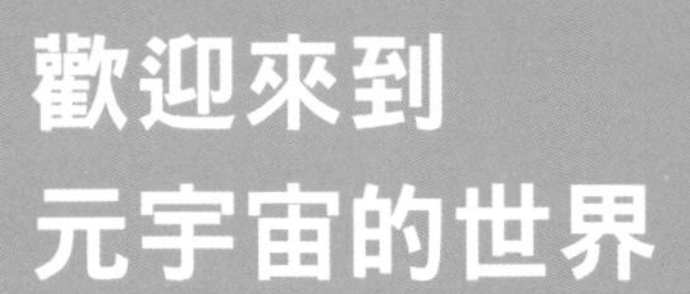

元宇宙自2020年左右開始迅速獲得關注。電影《駭客任務》中所展演的虛擬空間的世界，也漸漸在我們的生活中有了現實感。本書將會介紹這種元宇宙的整體樣貌與商業的可能性。

1980　1990　2000　2010　2020

透過5G的普及等通訊環境的提升，讓3DCG等龐大的數據得以高速傳輸，藉此讓元宇宙的服務以遊戲等為中心迅速推廣開來。

（→Sec.039）

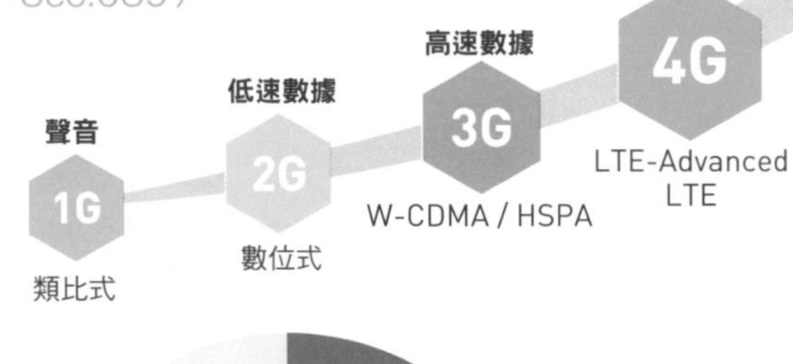

要塞英雄 22.1%
當個創世神 17.0%
集合啦！動物森友會 14.1%
寶可夢系列 6.9%
超級瑪利歐系列 6.4%
任天堂明星大亂鬥系列 5.1%
斯普拉遁 5.1%
其他

小學生最常玩的遊戲有哪些？

（→Sec.011）

《要塞英雄（Fortnite）》還以虛擬演唱會等熱掀話題，其服務也持續進化中

（→Sec.017）

《機器磚塊（Roblox）》是因積極與知名品牌聯名合作而聞名的遊戲內容平台
（→Sec.018）

《當個創世神（Minecraft）》可以讓用戶自行創造喜歡的建築物與空間，因而在孩童乃至大人之間擁有難以動搖的人氣
（→Sec.019）

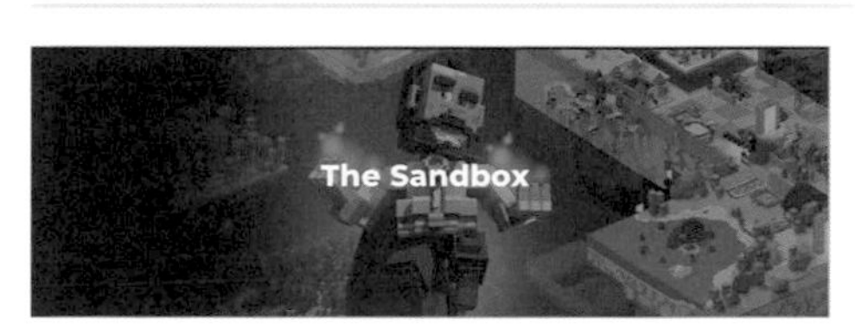

《沙盒（The Sandbox）》因愛迪達與古馳等知名企業取得此平台上的土地而蔚為話題
（→Sec.027）

連觀光旅遊業都積極將業務範圍拓展至「虛擬旅遊」。再加上新冠肺炎疫情而加快此趨勢
（→Sec.052）

也出現Meta公司鎖定的新世代平台，「Horizon Workrooms」即是可以虛擬分身之姿來參加的VR會議室
（→Sec.024）

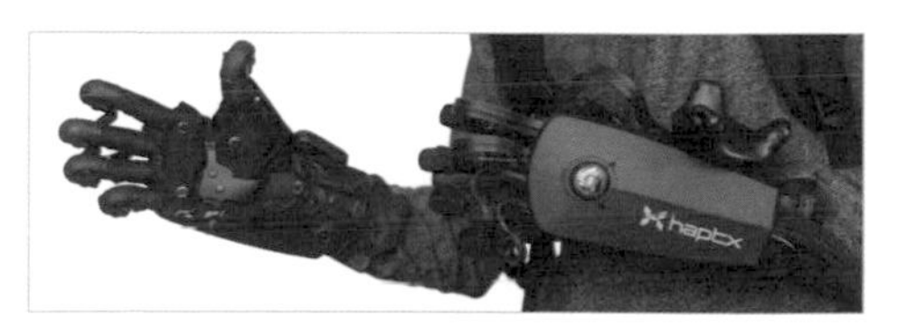

驚人的「觸覺回饋技術」讓我們得以預見一個終於可在元宇宙中體驗觸感與體溫的時代
（→Sec.032）

Contents

THE BEGINNER'S GUIDE TO METAVERSE

Part 3 帶動元宇宙的 主要服務平台

Part 4 加快元宇宙發展的 新技術、基礎設施與經濟

Part 5 元宇宙改變了商業型態 各行業中的現實×虛擬

■「注意事項」請務必在購買與使用前詳讀

本書所載之內容皆以提供資訊為目的。因此，參考本書進行經營或投資時，請務必自行判斷並承擔責任。若基於本書資訊所經營、投資的結果，未獲得預期之成果或發生損失，敝公司及作者、監修者概不承擔任何責任。

THE BEGINNER'S GUIDE TO METAVERSE

Part 1

為何會備受矚目？

持續進化的元宇宙現況

何謂元宇宙？

說白了就是「3次元的網際網路」。科幻世界即將成真?!

「元宇宙」這個詞本身大約是從2021年下半年才開始受到關注，故而尚無明確的定義，不過可以解釋為**「利用3DCG技術建構出虛擬的世界，好讓人們可以在此基礎上進行各種活動的一種機制，其中包括各式各樣的交流與經濟活動等」**。簡而言之，就是「3次元的網際網路」。

一些科幻作品中曾描繪過這種概念，比如於2021年推出新續作的電影《駭客任務》系列與由史蒂芬・史匹柏所執導的《一級玩家》，日本則有動畫《夏日大作戰》與《刀劍神域》等。隨著技術層面的進化，曾經的科幻世界如今終於逐漸成真。

介紹元宇宙時，有幾個定義經常被引用，因此先載於右頁。

首先是在一家遊戲產業風險投資公司中擔任合夥人的馬修・柏爾（Matthew Ball）所列舉的「具備永續性」與「同時參與人數無限制」。然而，目前尚未實現兼具這些條件的「完善元宇宙」，可說是仍處於發展階段。

根據《機器磚塊》這家元宇宙平台公司的CEO所提出的定義，「身分」或「朋友」這類使用虛擬分身的要素或許會比較容易理解。

在3DCG的虛擬世界中，將會陸續乘載各式各樣的系統、社群與內容，此即元宇宙所具備的可能性。

元宇宙即「3次元的網際網路」

元宇宙的定義也因人而異

馬修・柏爾 （風險投資家）	大衛・巴斯佐茲基 （《機器磚塊》CEO）	蒂姆・斯維尼 （Epic Games CEO）
・不會重置、暫停或結束，會永久持續 ・所有的人都生活在同一個時間軸上 ・同時參與人數沒有限制 ・具所有權、投資、買賣等概念，可從工作中獲取報酬 ・提供橫跨數位世界與物理世界的體驗 ・在數位資產方面，具有史無前例的互用性 ・由眾多企業與個人持續創造內容	・擁有身分有別於現實的虛擬分身 ・可結交朋友並互相交流 ・是一種沉浸式體驗 ・可從任何地方登入，不受國家或文化所限 ・可立即去到任何地方 ・擁有多樣化的內容 ・存在人人皆可謀生的經濟圈 ・既安全又穩定	・任何人皆可平等參與 ・由所有用戶共同管理而非由特定企業管制 ・所有創作者皆可擁有自己的創作作品並從中獲取利益 ・是所有個人、創作者與企業相遇之所 ・是由多個平台互相串聯而成

資料取自日本政策投資銀行的調查研究報告「No.354 日本企業在AR/VR相關平台的競爭中所面臨的挑戰」

自《第二人生》時期以來在技術層面的進化

度過資訊革命的過渡期之後，迎來的將是終極空間

《第二人生（Second Life）》被譽為元宇宙的始祖，與現在最大的差異在於「可訪問的用戶數與環境已產生莫大變化」。

在《第二人生》盛行一時的2007年左右，當時仍普遍使用掀蓋型手機，個人電腦的通訊速度也很慢，與現在完全無法相提並論，所以唯有那些真正核心且擁有高規格個人電腦的人才能訪問《第二人生》。

然而，如今隨著智慧型手機的普及，只要滑動手指就能玩3DCG的高畫質遊戲，連通訊速度都有飛躍性的提升。包括VR眼鏡，任何人皆可透過自己的終端設備訪問虛擬的世界，環境可謂十分完善。

不僅如此，由於遠距辦公型態日臻成熟，人們對於在線上與人會面或使用虛擬分身的抗拒感也已減弱；網站上的財產所有權曾在《第二人生》時期引發爭議，而這點也有可能透過發展顯著的區塊鏈與NFT技術——雖然目前仍有難題待解——來解決。而在數據活用方面，只要雲端乃至AI都能成為主流，想必往後將可運用元宇宙空間來進行更加豐富的體驗。

換言之，我們如今正處於**仍在持續進化的資訊革命過渡期，「從智慧型手機邁向XR裝置」、「從社交為主的web2.0邁向分散式的web3.0」、「從雲端邁向AI」**。各式各樣的發展要素摻雜在一起，逐漸轉換成一個相當於終極資訊空間的元宇宙。

元宇宙已導入先進技術以求發展

隨著科技的進步，如今訪問元宇宙的環境已臻完備，再加上生活型態的轉變，元宇宙已然成為全球矚目的焦點。

❷ 出現價格合理且高性能的VR設備

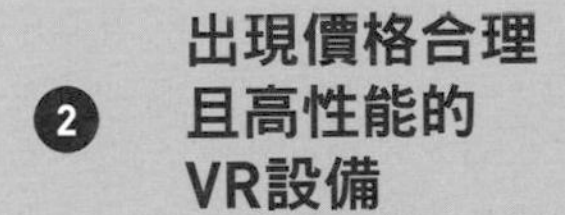

❸ 遠距辦公型態日臻成熟

❹ PC與智慧型手機的普及

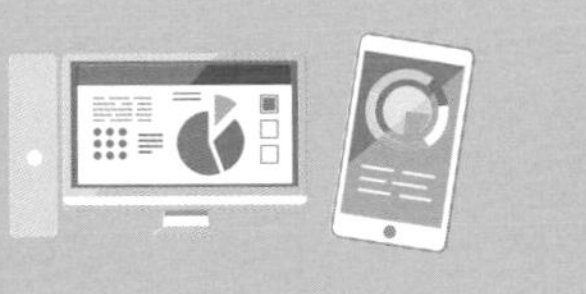

❺ 區塊鏈與NFT等先進技術的滲透

《動森》也是一種元宇宙？因新冠疫情而受到矚目的虛擬空間

元宇宙一詞源自於30年前出版的科幻小說

虛擬空間本身因為新冠肺炎疫情而受到關注。《動森》，全名《集合啦！動物森友會》，可謂其中代表性的例子。這是任天堂於2020年3月發售的任天堂Switch專用遊戲軟體，實際上亦可說是元宇宙的潮流之一。

說起來，元宇宙一詞最早是出現在1992年美國作家尼爾・斯蒂芬森所出版的科幻小說《潰雪（Snow Crash）》中。這是以「超越（meta）」與「宇宙（verse）」結合而成的複合新詞「metaverse」來為該作品中所出現的架空虛擬空間命名，被視為元宇宙的詞源。

於2003年推出服務的《第二人生》從2007年至2008年期間大熱賣。2020年以後，在新冠肺炎疫情延燒之時，衍生出所謂的「窩居需求」，使得《集合啦！動物森友會》與美國的線上大逃殺遊戲《要塞英雄》大受歡迎。

後來，Facebook於2021年10月將公司名稱改為「Meta」，以元宇宙企業自居，宣布正式從SNS（網路社交服務）平台轉型為元宇宙平台，一下子成為關注焦點：「Facebook傾全力投入的元宇宙究竟是什麼？」

緊隨其後的是**微軟、迪士尼與耐吉（Nike）等全球性企業，相繼發布加入元宇宙行列的新聞，與DX（數位轉型）、AI與SDGs並列為目前最受矚目的熱門話題。**

焦點關鍵字：元宇宙的變遷史

1992

元宇宙以科幻小說《潰雪》中的虛擬世界之姿登場

2007

可謂初代元宇宙的《第二人生》掀起一股熱潮

2020

新冠肺炎疫情衍生出窩居需求，遊戲《集合啦！動物森友會》成為熱銷商品

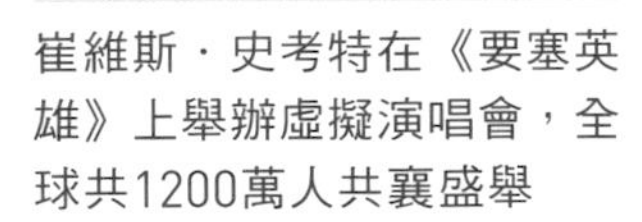

崔維斯・史考特在《要塞英雄》上舉辦虛擬演唱會，全球共1200萬人共襄盛舉

2021

Facebook以元宇宙企業自居，將公司改名為「Meta」

微軟認為應推動元宇宙而發布了MR平台「Mesh for Teams」

迪士尼發表了加入元宇宙的計畫

Facebook將成為元宇宙企業？

祖克柏的決心與覺悟震撼全世界

Facebook從以前就不斷在VR與AR等所謂的「XR」領域中進行金額相當龐大的投資。比如收購販售VR頭戴式裝置的Oculus公司，再以「Oculus Quest from Facebook」之名推出。2022年又將品牌名稱改為「Meta Quest」。不過其重心仍舊是擺在「Facebook」與「Instagram」兩大SNS上，XR與VR則是定位為將來投注心力的領域。

然而，2021年將公司名稱改為「Meta」後，這種主從關係有了大逆轉。這等於是在宣示「**我們今後將會轉型成以元宇宙為優先的公司**」，如此一來，「名列全球市值前十名的大公司不惜變更公司名稱也要投入的元宇宙究竟是什麼？」世人突然開始關注是再自然不過的了。

該公司所做出的具體行動便是開始提供一項名為「Horizon Worlds」的新服務。簡而言之，其概念近似「元宇宙空間上的SNS」，以虛擬分身之姿進入用3DCG建構而成的虛擬世界，與朋友一起玩遊戲、觀賞現場表演或在辦公室裡開會等，也就是能夠在元宇宙空間內展開在現實中所進行的各種活動。北美也開始推出App，所以已經可以實際體驗這項服務。

Meta公司在世界各地所擁有的Facebook用戶超過29億人，今後的動向相當值得關注。

Facebook的方針大轉彎，朝元宇宙邁進

2021年10月28日（當地），Facebook的執行長馬克・祖克柏宣布將公司名稱改為「Meta」。全新的品牌名稱「Meta」表明了其今後將傾力投入元宇宙的態度。

馬克・祖克柏透過網路直播傳達公司更名的消息

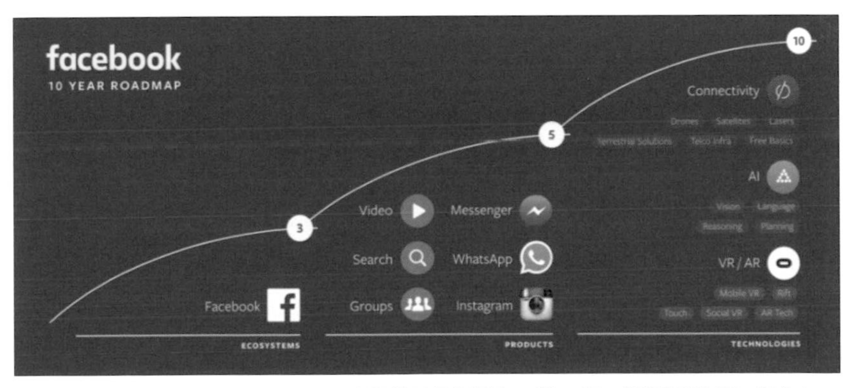

從此圖可看出，該公司早在Facebook時期就已經著眼於XR與VR等，並將其列入下一個主力（資料取自2016年的Facebook規劃藍圖）

何謂元宇宙經濟圈？大企業所關注的潛力

100兆日圓的市場主導權爭奪賽已經展開！

請見右頁。這是將作為參賽者的企業分門別類配置於元宇宙市場的各個階層。下層是作為基礎的基礎設施、裝置設備＆硬體類，上層則是服務與應用程式類。

事實上，**元宇宙市場的商業結構與個人電腦或智慧型手機的世界並無不同**。Apple、Sony與三星電子是供應裝置設備＆硬體，AWS與Azure等則屬於基礎設施層，愈接近基礎設施那方的商業潛力愈大，但相對的競爭也愈激烈。

Facebook（現為Meta）在智慧型手機的市場中，用戶數特別高，但是只獲得應用程式的市占率。倘若歸屬於OS或搜尋引擎等基礎層的Apple與Google訂下「禁止在應用程式上置入廣告」的規定，那麼在應用程式上拓展業務的Facebook也只能遵守。這將會成為Facebook的弱點。出於這層反思，該公司在元宇宙市場上傾注心力，力圖自行掌控硬體與應用程式商店等基礎設施層。

Apple也在人們戲稱「智慧型手機根本是玩具」的2007年左右便率先致力於iPhone的開發，並於大約10年後的2018年成為全球市值最高的科技企業。**掌控了基礎後，一鼓作氣展開一條龍的服務，成為其強項**。這場預估達100兆日圓的元宇宙市場主導權爭奪賽應該會轉趨白熱化。

按階層觀察元宇宙市場 主要參賽者及其服務

階層	主要參賽者及其服務
體驗	FORTNITE・Meta・YouTube・Nintendo MINECRAFT・XBOX・ZEPETO・NIANTIC等
發現	Facebook・STEAM・Google Google Play・App Store等
製作工具	Unity・EPIC GAMES・Microsoft・ROBLOX等
空間建構	Unity・UNREAL ENGINE・AUTODESK blender・OpenAI等
分散式系統	Polkadot・OpenSea・SOLANA・Polygon Ethereum・OpenXR等
裝置設備 & 硬體	Oculus・Apple・XBOX・PlayStaion Nintendo SWITCH・nreal Microsoft HoloLens・VIVE・Varjo等
基礎設施	AWS・Azure・NVIDIA・AMD・intel IBM・Google Cloud等

來源：根據Market Map of the Metaverse（Jon Radoff）編製而成

封閉式元宇宙與開放式元宇宙之間的差異

元宇宙有2大方向

元宇宙又分為「封閉式」與「開放式」2大方向，兩者一旦混淆，討論起來會變得複雜。

現今所提供的元宇宙基本上都**是由一家公司獨自建構空間的「封閉式元宇宙」**。由於是單獨作業，較易反映供應方的意圖，要針對對其世界觀有所共鳴而聚集的用戶推廣業務也容易得多；但另一方面，此模式會依賴特定的平台，所以會有數據永續性方面的問題。舉例來說，倘若熱門遊戲《要塞英雄》突然終止服務，就會引發「到目前為止在《要塞英雄》上課金（通常是指在遊戲中花錢購買追加資源的一種消費行為）收購的虛擬分身與造型會如何？」的問題。

另一方面，在「開放式元宇宙」中，**多種服務之間具有互用性**，因而可以共享虛擬分身與資產，亦可透過連結往返於各種網站，可說是概念近似現今網際網路的一種空間。此外，會由各式各樣的玩家肩負並提供各自的任務，所以確保數據永續性與公平性亦為其優點。然而，此模式必須取得利害關係人的參與及共識，還需要NFT、加密貨幣與區塊鏈等技術上的進化，在現實層面的實現門檻還很高。

一般認為，應該先從封閉式元宇宙開始著手，將來再逐步往開放式元宇宙進化，其所需的時間跨度大概是5至10年。

從封閉式元宇宙邁向開放式元宇宙

元宇宙又分為封閉式元宇宙
與開放式元宇宙2大方向

封閉式元宇宙

- 由一家公司獨自建構元宇宙
  （概念近似智慧型手機的應用程式）
- 可單獨建構世界觀，
  因此較易反映供應方的意圖
- 如同既有的SNS服務般，
  平台運營商有機會獲得龐大收益
- 技術層面的困難點少，實現的可能性高
- 存在依賴特定平台運營商以及
  數據永續性等疑慮

開放式元宇宙

- 多種服務之間具有互用性，
  可互相共享虛擬分身與資產
  （概念近似可透過連結互相往來的網際網路）
- 與網際網路一樣，服務明確但供應者不明確
  （其結構為由各公司肩負各自的任務）
- 具有可確保數據永續性與公平性等魅力
- 必須取得許多利害關係人的參與，
  所以可能要花不少時間才能實現
- 實現所需的技術門檻較高

元宇宙正逐漸改變線上體驗

和朋友在元宇宙中玩樂已成常態？

線上活動因新冠肺炎疫情而快速普及開來，反而引發一個有趣的現象：「現實體驗與數位體驗之間的鴻溝益發明顯」。比方說，遠距聚餐酒會曾流行一時，但是「大家覺得隔著螢幕還是不夠盡興」，如今已然退燒。

然而，如果是元宇宙，則可體驗真的與朋友相聚、一起玩遊戲、一同玩樂等感覺。換言之，透過「體驗」來填補現實與數位之間的鴻溝，元宇宙正逐漸獲得其存在價值。

目前流行的線上演唱會應該還會不斷進化。比方說，與朋友一起訪問3D虛擬演唱會的空間，一邊透過語音聊天來交談，一邊觀賞化為虛擬分身的藝人在眼前唱歌的身影——這種虛擬演唱會的體驗已經成真。

說起來，通訊與硬體的進化，再加上3D內容本身的普及，是元宇宙開始流行最主要的原因，不過引領這波潮流的是《集合啦！動物森友會》、《要塞英雄》、《當個創世神》與《機器磚塊》等沉浸式的3D線上遊戲。在年輕世代中，邊玩這類遊戲邊像SNS般與朋友對話已經成為一種理所當然的交流手段。這種非數位原住民而是「元宇宙原住民」的年輕人，往後應該還會一批又一批地冒出來。

元宇宙填補了現實與線上之間的鴻溝

目前現實體驗與數位體驗之間存在著巨大的鴻溝。線上活動因新冠肺炎疫情而快速普及開來，反而一下子讓這條鴻溝無所遁形。元宇宙則作為填補鴻溝的第三方存在而備受期待。

↑
填補鴻溝的技術不可或缺
↓

元宇宙在遊戲以外的領域已見擴張之勢

關鍵字為「交流」、「購買」與「工作」

現在一般所說的元宇宙，都是以《要塞英雄》或《集合啦！動物森友會》等遊戲為主。然而，如果做出＜元宇宙＝遊戲＞的結論，會削弱拓展的範圍。**若要實現＜三次元的網際網路＝元宇宙＞，就必須具備如SNS般「與朋友交流」、如EC般「購物」、如Web視訊會議般「工作」等要素，成功與否則取決於能將多少要素帶進元宇宙的世界中。**為此，現階段有各式各樣的玩家正在進行試錯與摸索。

日本經濟產業省將遊戲以外的元宇宙之優點與活用目的進行了分類，如右頁下表所示。根據此表，往後將會在元宇宙空間裡推行以「新事業」、「行銷」與「提高生產力」這3大目的為主軸的事業。其實這些與現在的網際網路的作用有重疊之處。正因如此，元宇宙才會被視為「新世代網際網路」而備受期待。

已經有各種領域在討論「元宇宙是否可以這般運用」，企業活用元宇宙的案例也日趨增加。細節容待後述，不過日本國內較著名的例子便是KDDI所舉辦的「虛擬澀谷」，以及日產汽車公司的VR展示場「NISSAN CROSSING」。其他國家則以耐吉、古馳與愛迪達等服飾類品牌較為積極。元宇宙可讓人更深入體驗自己所追求的世界觀，而企業已從中發現在打造品牌上的價值。

元宇宙的使用案例

遊戲	元宇宙最早滲透的主要是線上遊戲。除了推動對虛擬分身的課金等收益外，還拓展至演唱會等遊戲之外的用途上。
SNS	作為新世代的SNS，伴隨著語音與動作的交流日漸活絡。此外，企業進行商業搭配並活用元宇宙作為打造品牌之所的案例也與日俱增。
娛樂	已經出現多種將現實體驗數位化的先創案例，比如觀賞音樂演唱會或運動賽事等。 此外，還積極推動使用虛擬角色IP的方案。
企業	善用3D即可更直觀地理解，活用這項優點的案例日益增加，比如製造業的設計審查與醫療業的培訓等。

元宇宙的優點與目的

虛擬空間的優點

沒有場地、空間與人數等物理上的限制	可進行非現實與非日常的體驗	是可輕鬆與他人交流的社群

活用虛擬空間的目的

新事業	有不少案例是將現實事業延伸至虛擬空間，作為新事業來發展。比如虛擬活動或虛擬觀光等，目的在於收取參加費來獲利。提供虛擬空間特有而在現實中辦不到的體驗，將成為貨幣化的關鍵。除此之外，還有在虛擬空間內使用的虛擬分身、建築物與藝術品等數位商品的買賣等。
行銷	可作為觸及專業能力高的Y世代與Z世代之所來活用，亦可提供虛擬空間特有的體驗來提高顧客的參與感。比方說，國外的大型汽車公司已經開始提供在虛擬空間內試乘自家公司車輛的服務。對於汽車與不動產等高單價商品來說，提供給顧客的體驗會直接關係到成交率，所以能在虛擬空間中輕鬆地體驗，對業者與顧客都有好處。
提高生產力	為了讓員工順暢交流而活用虛擬空間的案例不在少數。現實中的交流較為輕鬆，但在新冠肺炎疫情延燒之際的遠距工作模式中卻困難許多，故以此作為替代手段來活用。此外，還會作為概念驗證的場所，進行在現實中難以應對的災害模擬等。

來源：虛擬空間今後的可能性與諸多課題的相關調查分析事業 報告書（日本經濟產業省）

連大型風險投資公司與投資機構都對元宇宙備感興趣

對元宇宙的投資意願仍以國外勢力較為積極

根據加拿大一家研究公司的數據，2020年市值約4兆日圓的元宇宙市場，到了2028年將會達到95兆日圓左右。這已經等同於環境、DX或外太空等的市場規模。

無論在哪一個領域，一旦被超前，之後要扭轉局勢會難上加難，因而產生所謂「先搶先贏」的布局。然而，元宇宙領域目前仍處於其實還不清楚怎麼做才能切合市場的狀態，所以與其搶先去做，還不如看清局勢，並且找出可廣為一般人所接受的方式，這樣的玩家才能獲勝吧？

大家常津津樂道的一件事就是，Google並非全球首創的搜尋引擎，甚至還曾被投資者以「事到如今才要做搜尋引擎？」的冷眼相待。Facebook在SNS中大概也只名列第十。儘管如此，這兩家公司卻在各自的領域中達到最大幅度的成長而稱霸全球。換言之，在一切仍是未知數的元宇宙市場中，還有許多致勝的機會。

投資者的意願目前也很兩極。全球性風險投資公司安德里森霍羅維茲（Andreessen Horowitz）原本就致力於發展VR，並公開表示將積極投資元宇宙與Web3的領域。**日本還有很多企業採觀望態度，不過一些電信公司已經開始積極投資日本的元宇宙企業。今後可能會有愈來愈多企業考慮向國外投資者調度資金**。這是因為日本的內容實力水準不凡，即便放眼全球也毫不遜色。

企業活用元宇宙的案例

虛擬澀谷

「虛擬澀谷」是在澀谷區的正式批准下，與現實中的澀谷街道攜手合作來提供各種內容的虛擬空間。到目前為止已經舉辦了「虛擬萬聖節」、觀賞運動賽事與音樂演唱會等活動。

資料取自「虛擬澀谷」官網

東京電玩展 VR2021

「東京電玩展」是世界規模最大的遊戲盛會。該年首度在虛擬空間中舉辦，以遊戲企業為主的眾多企業參加展出。到訪人數最高達210,566人，平均停留時間約為27分鐘，使用設備比例則為「VR：66.7%，PC：33.3%」。

資料取自「TOKYO GAMES SHOW」官網

日產汽車的虛擬展示場

日產汽車在VR空間中重現了銀座的實體展示場「NISSAN CROSSING」。除了展示電動車「Nissan Ariya」外，預計今後還會舉辦新車發表會與講座等。該虛擬展示場預計作為數位交流的新場所，持續傳遞內容資訊。

資料取自「NISSAN CROSSING」官網

元宇宙的市場規模預測

2020年的元宇宙全球市場規模約為470億美元。據預測，該市場的規模今後將會逐年成長約43%，若是換算成日圓，市場規模將高達約95兆日圓。

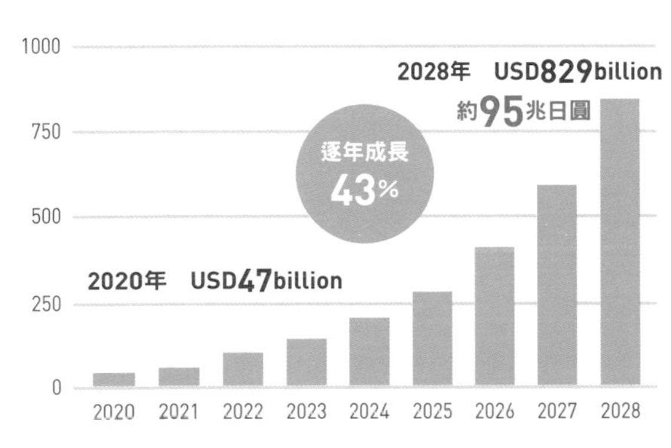

根據EMERGEN Research公司所發布的資料編製而成

Column

在元宇宙中談戀愛！性別不拘的自由伴侶關係

元宇宙很有可能大大改變我們的生活型態。不僅限於經濟活動，搞不好還包括「戀愛」。舉例來說，「虛擬戀愛」可能漸漸有了真實感。

以現狀來說，在所謂的「社交VR」——用戶之間可在虛擬空間中進行交流的一種服務——中相遇的人們，已經紛紛在元宇宙中結為伴侶。

比方說，在《VRChat》中已衍生出意味著甜蜜伴侶關係的「砂糖」一詞，也有不少人公開表示是「砂糖關係」。這種砂糖關係並不會止於《VRChat》內，有些人還發展成現實中的戀人關係。另一方面，有些情況下會在《VRChat》內聲稱是親友關係而非戀人關係，可說是廣義上的伴侶關係。

據說，整體而言，大多數的人僅根據虛擬分身的外貌與VR上的個人資訊來決定伴侶，很多人並不在意對方的真實性別與外貌。在這樣的元宇宙中，形成一個有別於真實自我的另一個身分，並據此建立新的人際關係，我們可從這樣的關係中感受到無限的可能。

這種元宇宙原創的自由關係有別於現實中的戀愛或伴侶關係，令人非常期待往後還能逐漸拓展出更多種變化的形態。

Part 2

支撐元宇宙的
技術因素與商業生態系統

憑藉3DCG之力打造出自由自在的虛擬世界

關鍵在於「終端設備」、「製作工具」與「通訊」的進化

簡而言之，元宇宙就是「3次元的網際網路」，這點前幾頁也解釋過了，而這些3次元的要素則仰賴3DCG技術發展的支撐。

在2000年左右的網際網路黎明期，內容只能使用文本或少許圖像，但是從2010年左右開始已經可以處理五花八門的效果與影片等，而如今3DCG更是司空見慣。

3DCG以前是電影或電視遊樂器中才會用到的高超技術，不過因為PC或智慧型手機等人人都擁有的設備處理能力有了飛躍性的進步，使這項技術變得普及。

此外，製作工具也有所進化，詳細情況容待後述，不過**只要使用「Maya」或「Blender」這類工具，一般人也能製作3DCG。遊戲製作一直以來都需要更高階的程式設計知識，但自從出現「Unity」等能廣泛運用的遊戲引擎後，難度已大幅下降**。

其結果是，能夠處理3DCG的創作者與企業與日俱增，3DCG的內容以PC或智慧型手機專用的遊戲為中心廣泛地普及開來。

通訊的進化也對3D內容的發展有所貢獻，尤其是線上遊戲。以熱門的《要塞英雄》來說，可讓100名玩家同時進入同一個空間中進行戰鬥，不過如果不是因為通訊環境有所改善，應該無法發展到這種程度。

「終端設備」、「製作工具」與「通訊」，這3大技術的進化打造了推廣3DCG的土壤，成為發展元宇宙的基礎。

讓3DCG得以普及的環境變化

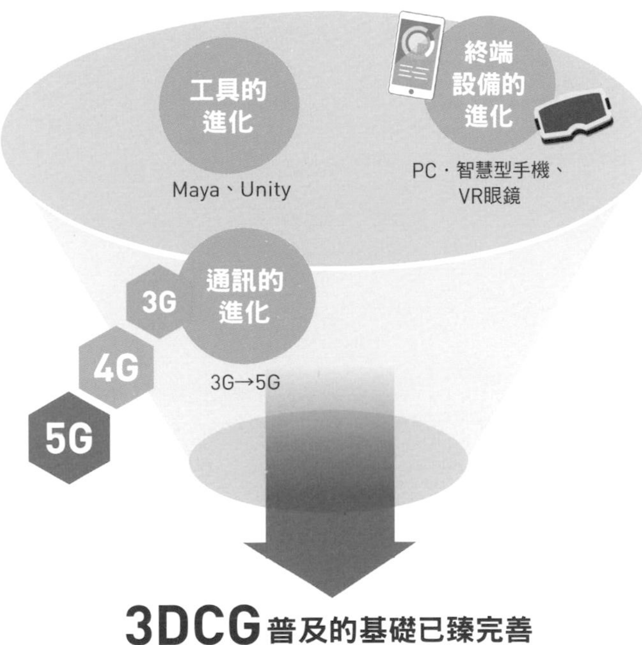

製作軟體進化得更便於使用

Unity是Unity Technologies公司所提供的遊戲開發平台。

資料取自「Unity」
的日文版官網

加速以遊戲為中心的交流

「在遊戲內進行交流」已成常態

人們如今常把元宇宙與遊戲大致劃上等號。實際上，元宇宙的代表性案例大多是以遊戲為主體，比如《要塞英雄》、《機器磚塊》、《集合啦！動物森友會》與《當個創世神》等。為什麼會這樣呢？

首先，近期的遊戲大多是利用3DCG來建構基礎，所以較容易打造元宇宙的構成要素之一：＜虛擬世界＞。

另一個比較主要的因素則是，**遊戲本身正逐漸成為交流的基礎**。在遊戲空間中與朋友同樂、連上語音聊天並與現實中的朋友一起在遊戲世界裡交流，這些活動在年輕世代之間廣為傳播。對於所謂「電視脫離潮」現象較為顯著的Z世代與 α 世代而言，除了Instagram等SNS上的交流外，在遊戲中與朋友交流已漸漸成為一種標準型態。

此外，自從像《最終幻想XIV》（Final Fantasy，舊譯太空戰士）這類MMO（Massively Multiplayer Online）的類型確立後，開始可以挪用開發層面的機制與知識，比如多人同時連接至虛擬空間等，這也成了遊戲元宇宙化的後盾。

不再是傳統單人遊戲的「大家同樂型遊戲」普及之後，讓人們發現「在虛擬世界裡與人相遇非常有趣」，持續吸引人們進入元宇宙的世界。

從遊戲拓展開來的元宇宙世界

遊戲與元宇宙相容性佳的原因

- 遊戲本身是以3DCG建構而成，
  所以較容易打造元宇宙的核心要素之一：虛擬世界
- 遊戲本身逐漸成為交流的基礎，
  與SNS的要素相容性佳
- 較容易挪用MMO的機制或多人同時連接的技術等
  開發層面的知識
- 製作公司這方可透過提供高品質的內容，
  輕鬆吸引初期用戶匯集

遊戲＋交流的概念圖

小學生最常玩的遊戲

日本線上遊戲教學網站「GEMUTORE」針對375名小學生進行了一份遊戲相關的問卷調查。（GEMUTORE調查：2020年5月 N＝375）

妖怪手錶系列 1.6%
TSUM TSUM 1.6%
荒野行動 1.1%
魔物獵人 1.1%
怪物彈珠 1.1%
太鼓之達人 0.8%
其他（共39款）10.4%

要塞英雄 22.1%
當個創世神 17.0%
集合啦！動物森友會 14.1%
寶可夢系列 6.9%
超級瑪利歐系列 6.4%
任天堂明星大亂鬥系列 5.1%
斯普拉遁 5.1%

根據「GEMUTORE」的新聞稿編製而成
https://gametrainer.jp

元宇宙的社交性，作為新世代SNS而備受期待

SNS會影響遊戲人口以外的元宇宙使用

如今以SNS為事業主軸的公司皆紛紛傾注心力於元宇宙。無論是Facebook將公司名稱改為Meta，還是經營「TikTok」的ByteDance公司收購了中國一家名為Pico的VR頭戴式裝置製造商，皆可見一斑。

至於為何傾力投入至這種程度，是有鑑於嚴苛的現實——用戶會隨著時間的推移而逐漸老化，這是SNS所面臨的困境之一，尤其近期年輕一代有較多時間可自由運用於遊戲之中。對手已不再是其他公司的SNS。因此，各家SNS公司都已經有充分的自覺：若不儘早自行創建元宇宙，事業將會窒礙難行。元宇宙戰略可謂既攻且守的策略。

另一方面，**對各家SNS公司而言，元宇宙有一個優點是，可以活用至今累積的核心技術，與自家公司的會員基礎連結起來，便可輕鬆維持用戶的興趣**。此外，好壞暫且不論，線上遊戲的UI與系統皆側重於遊戲導向，而SNS的設計則以交流為主，所以有可能創造出像是虛擬演唱會，或是虛擬辦公室這類不玩遊戲的人也能樂在其中的元宇宙內容。

就連網際網路也以遊戲作為入口，逐步拓展至其他領域。如何分食這塊大餅將會影響到往後事業的可能性。因此，各家SNS公司都想趁現在確實掌握元宇宙平台的市占率。

各家SNS公司如何維持自家公司會員的興趣為一大關鍵

SNS與元宇宙相容性佳的原因

- 可以挪用活絡交流的技術訣竅，
  這將是元宇宙成功的後盾
- 若早已經營著龐大的SNS，則可善用自家公司的會員基礎
  來獲得初期的用戶
- SNS雖未側重於遊戲，但是較容易拓展使用案例，
  比如虛擬演唱會之類的娛樂用途，或是虛擬辦公室之類的商業用途等
- 只要能獲得一定數量的用戶，便可與大型品牌或IP進行商業搭配
  或聯名合作等，貨幣化的可能性高

SNS挑戰元宇宙的原因

如果年輕人不再使用，就注定會逐漸消失。該如何抓住年輕人的心呢？各家SNS公司正是為此而紛紛規劃投入元宇宙的市場。

元宇宙時代的身分「虛擬分身」將會如何進化？

該與現實同步好？還是區分開來好？

在元宇宙空間裡，主要會以虛擬分身來活動。目前已推出多項可以打造虛擬分身的服務。Meta公司開始提供在自家公司的「Horizon Worlds」之外也能使用的開發基礎，這和「可用同一個虛擬分身進入任何一個元宇宙世界」的「開放式元宇宙」是同樣的概念。日本也開始製作名為「VRM」的3D虛擬分身專用檔案格式，且已為多個平台所採用。

至於最關鍵的虛擬分身的風格，則可觀察到幾種流派。比方說，有些國家明顯傾向於「創建與自己相似的虛擬分身」，日本則較傾向於「想變身成美少女」或「想化身為RPG（角色扮演遊戲）中所出現的小妖精或獸人之類的角色」。這方面可能會反映出國家或地區的文化性。

虛擬分身顧名思義就是自己的「分身」，所以今後應該還會推出更多方案來讓真實自我與虛擬分身同步。比方說，巴黎世家這個品牌已經實施了一項方案，即在《要塞英雄》的遊戲空間中可以穿上巴黎世家的衣服，同時還能在實體店面買到同款產品。

另一種可能的情況是，真實的自我與元宇宙的虛擬分身完全連結不起來，即過著「分別運用多種人格」的生活。大概就是類似SNS的「小帳」（指主帳號以外的私密帳號）吧。無論如何，虛擬分身想必會成為元宇宙時代的身分之一。

Meta公司所提供的Horizon Worlds

Horizon Worlds的理念是，可以在無限延伸擴大的VR世界裡進行探險、玩樂與創造。Meta公司表示，希望用戶都能超越距離，經歷驚奇的體驗、探訪社群，或從其他用戶那裡獲得靈感。

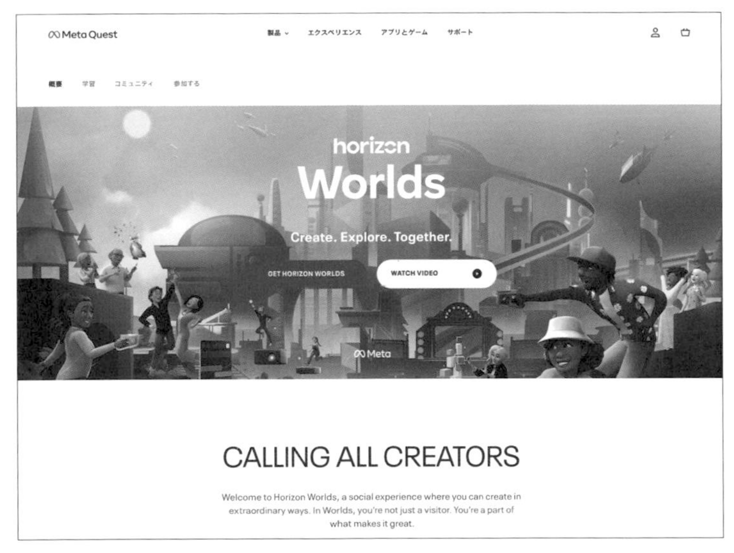

Horizon Worlds的示意圖（資料取自「Horizon Worlds」的官網）

虛擬分身將成為元宇宙時代的身分

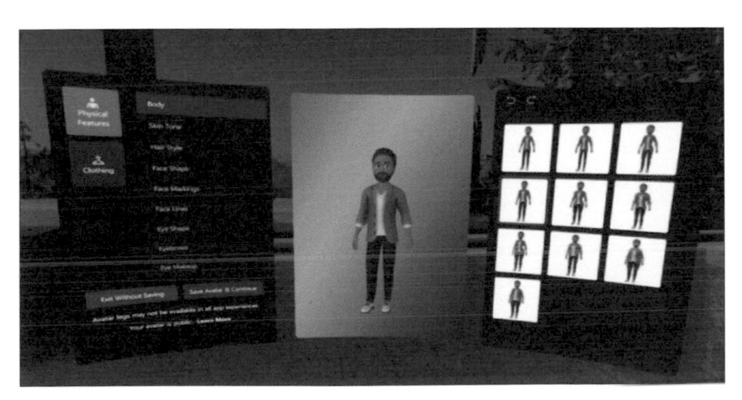

只對Unity開發人員公開的「Meta Avatars SDK」
（資料取自 https://developer.oculus.com/blog/meta-avatars-sdk-now-available/）

元宇宙的XR技術實現了沉浸感與臨場感

然而，XR並不等同於元宇宙

最近常有人問，「VR眼鏡在元宇宙中是必備品對吧？」但實際上並非如此。以「眼鏡是為了更加豐富地體驗元宇宙的道具」來理解較為恰當。這是因為元宇宙就是利用包括智慧型手機與PC在內的「某些裝置」來進入3D的世界。

話雖如此，**只要使用XR裝置進入元宇宙的世界，即可最大限度激發出其潛力**。具體來說，是利用感應器來追蹤臉部或手等身體的動作，即可進行伴隨著揮手或拍手等動作與手勢而更豐富的交流。此外，**戴上VR眼鏡即可360度環顧四周，所以遇到在驚悚遊戲中面向前方時突然遭敵人從後方襲擊等狀況時，可以體驗的表現與演出範圍會更為廣泛**。

順帶一提，XR是「VR」、「MR」與「AR」的統稱，可透過數位與現實的比例差異來區分。

此外，若依主要內容與主要裝置來劃分，內容可分為「如圖像或影片般的2D」抑或「具有深度的3D」；裝置則可分為「如PC或智慧型手機般平面的螢幕」抑或「戴上眼鏡而可立體觀看的檢視器」。元宇宙的世界便是根據這些要素的組合與比例上的斟酌建構起來的，因此XR並不等同於元宇宙。

呈現出猶如身臨其境般的沉浸感

XR與元宇宙相容性佳的原因

- 可以在利用3DCG打造而成的虛擬空間中，創造出猶如身歷其境的沉浸感
- 可以追蹤臉部、手與身體的動作並反映在虛擬分身上，故可進行自然且豐富的交流
- 可以最大限度活用3次元空間而不再受限於2D畫面，所以表現與演出的範圍極為廣泛
- 先行玩家不多，待往後XR裝置普及時，應該可以獲取龐大的市占率

VR、MR與AR的差異

VR
Virtual Reality 虛擬實境
透過覆蓋360度的視野，如置身於現實世界般體驗CG空間或360度圖像等的技術

MR
Mixed Reality 混合實境
透過裝置來識別現實世界的資訊，藉此將數位資訊疊加在現實世界上的技術

AR
Augmented Reality 擴增實境
將數位資訊附加在現實世界上的技術

數位世界（沉浸感高） ↔ 現實世界（沉浸感低）

不斷擴展的3D世界

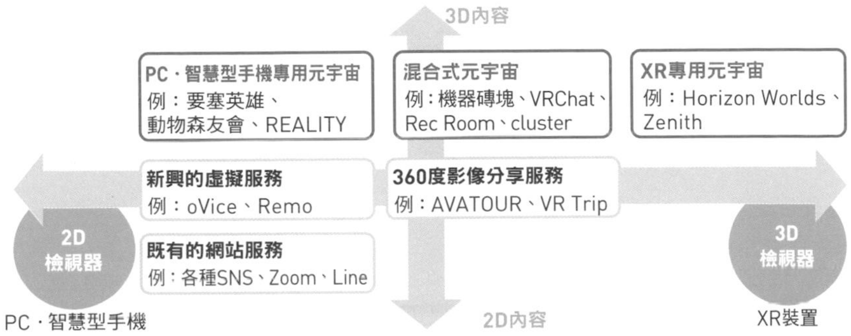

3D內容

PC・智慧型手機專用元宇宙
例：要塞英雄、動物森友會、REALITY

混合式元宇宙
例：機器磚塊、VRChat、Rec Room、cluster

XR專用元宇宙
例：Horizon Worlds、Zenith

新興的虛擬服務
例：oVice、Remo

360度影像分享服務
例：AVATOUR、VR Trip

既有的網站服務
例：各種SNS、Zoom、Line

2D內容

2D檢視器 PC・智慧型手機

3D檢視器 XR裝置

由NFT與區塊鏈所撐起的全新經濟圈

識別所有者的技術將加快虛擬經濟

所有的加密資產皆稱為「加密貨幣（cryptocurrency）」，而以加密貨幣等區塊鏈的技術為基礎的元宇宙則稱為「加密型元宇宙」。現階段為附加項目，換言之，目前只被定位為今後備受期待的方案之一，但是其潛力可期。

比方說，只要運用最近成為矚目焦點的「NFT（非同質化代幣）」，即可更明確掌握虛擬土地的交易紀錄，因此要證明「自己是該土地的所有者」變得容易許多。或者，要轉賣在元宇宙中取得的稀有物品時也會確實留下紀錄，故可讓物品的二次流通更為活絡。換言之，「自由販售在元宇宙中所打造的土地與物品」是有可能實現的。

目前有一部分的遊戲中已經實現這類買賣的功能，但還無法掌握交易紀錄（若由營運方來證明，理論上是可行的，但會耗費龐大的成本）。然而，**只要運用加密貨幣的技術，任何人都可以看到所有的交易紀錄，因此只要追溯其歷程，便可證明「這是在2020年活動中限量販售100個的商品」**。實際上，目前尚未能嚴謹判斷出該物品的真偽，不過應該有助於活絡經濟活動，且為了逐步實現今後不再依賴特定管理者的「開放式元宇宙」，這種加密貨幣的技術是不可或缺的。

元宇宙與可確認交易紀錄等的NFT之間的密切關係

加密貨幣與元宇宙相容性佳的原因

- 可透過NFT更明確地掌握虛擬世界中的土地或物品的所有者與交易紀錄，因此要證明元宇宙中的數位資產的價值變得容易許多
- 可活用NFT打造一個經濟圈，元宇宙中的物品的二次流通也含括其中
- 只要以加密貨幣為基礎，便有可能實現分散式網路（即所謂的Web3），接近不依賴特定管理者的開放式元宇宙
- 可透過代幣的活用，帶給創作者或使用者這方超出既有服務的獎勵，有可能因而加快服務成長的速度

NFT的市場規模

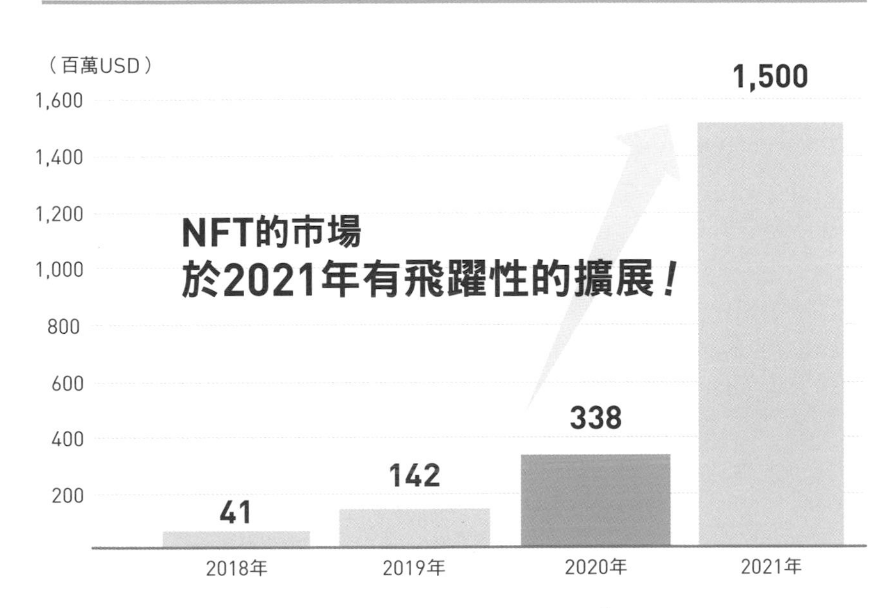

來源：l' Atelier "Non-Fungible Token Yearly Report 2020" DappLadar "Dapp Industry Report: Q1 2021 Overview"

創作者經濟與元宇宙的加乘效應

元宇宙創建者為夢想職業之首？

在此之前，生產者與消費者之間的關係都是單向的，即由創造內容的人販售，而一般人們使用。然而，到了元宇宙的時代後，將會變成雙向的，連消費者這方都能展出自己的創作並進行互動或交換。

《當個創世神》是較淺顯易懂的例子。這款遊戲的機制是，用戶之間可以共享一般用戶所創造的事物。此外，《機器磚塊》的機制也是由用戶創建遊戲，而其他用戶付錢來玩。

這種型態近似於Facebook或Twitter等互相發訊型的SNS，或是YouTube等影片的發布服務。尤其是YouTube，甚至因此催生出「YouTuber」這種職業，並已確立無可動搖的創作者經濟。

元宇宙中應該還會孕育出多樣的分散式社群，比如「某中世紀歐風元宇宙空間的愛好者來相聚」、「到與《星際大戰》中出現的那顆星球一模一樣的空間裡玩耍吧」等。之後應該也會衍生出「元宇宙創建者」的職業來打造這樣的空間。

此外，**以元宇宙的情況來說，用戶方並無賺錢的意圖，而是單純為了自由打造自己喜歡的空間並在其中玩耍，這樣的創作者應該會愈來愈多**。

創作者的自由發想將會逐漸擴大元宇宙的可能性。

元宇宙所創造出的創作者經濟

人們今後將不再只是消費者的角色，也會漸漸成為創作者（發訊者、販售者、生產者）。

目前為止生產者與消費者之間的關係

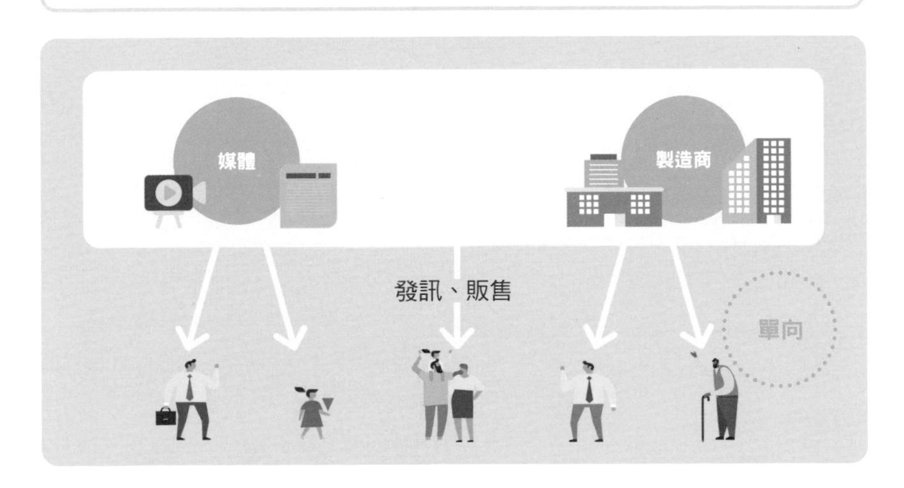

在創作者經濟中，雙方都會成為發訊者、販售者、生產者

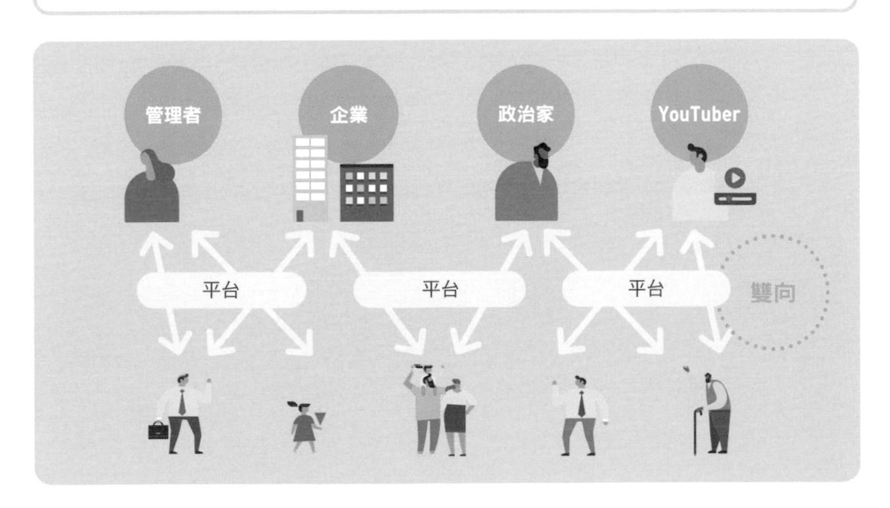

根據「創作者經濟協會」的報導編寫而成
（https://creator-economy.jp/n/n09c95569e24a）

Column

虛擬分身會被盜?! 新概念所帶來的風險

當現實與虛擬空間的區別變得模糊，想必也會出現安全層面的問題。尤其是虛擬分身，一旦熟悉了該分身的模樣，就會只看到虛擬分身就自動相信是那個人，影響力不容小覷。

倘若這個虛擬分身被盜，會發生什麼狀況呢？比方說，如果某國總統的虛擬分身被盜，而該虛擬分身做出擅自發號施令等舉動，將會引發重大的國際問題。只要使用變聲器等就可以改變聲音，所以即便是虛擬分身，若以總統的身影與聲音說話，應該會有很多人信以為真。再者，也有可能像造假影片般製造出幾乎真假難辨的複製版本。雖然不是總統，但已經發生過為了惡作劇而盜用虛擬分身的事件。

事已至此，該如何認證虛擬分身是否為本人的這類安全問題已經浮上檯面。不光是虛擬分身，還有在元宇宙中購買的物品或是土地，應該會有愈來愈多人對此抱有相同顧慮。

將來也許某種程度可以透過區塊鏈的技術來補強，不過目前的現狀是，以技術層面或用戶體驗的觀點來看，現階段要立即實現並不容易。

然而，雖然存在著一定的風險，但實際遭遇的可能性極低，且以目前來說，盜用者與其說是企圖挪用個人資訊，更多只是出於好玩的惡作劇程度，所以暫且還沒必要過分擔憂。

Part 3

帶動元宇宙的

主要服務平台

《要塞英雄》持續進化，舉辦虛擬演唱會也引發熱議

交流與自我表達的功能都很充實

Epic Games公司是憑藉著供應一款名為《虛幻引擎（Unreal Engine）》的遊戲製作工具來維持營運，且因另一款《要塞英雄》爆發性熱銷而聞名於世，還為了遊戲應用程式的銷售佣金而起訴Apple等，是一家話題不斷的公司。

這款遊戲**最受喜愛的便是可以100人同時在線上一起奮戰的大逃殺**。之所以會以元宇宙之姿受到關注，**不僅是遊戲本身備受歡迎，還因為追加了「創意模式（Creative Mode）」功能，可以讓玩家自行創建自己的島嶼**。有愈來愈多玩家利用這項功能創建出獨具特色的世界。

另一個原因則是在《要塞英雄》內舉辦的演唱會。2020年4月，美國當紅饒舌歌手崔維斯・史考特在該遊戲中舉辦虛擬演唱會，吸引超過1230萬人同時連線齊聚一堂。同年8月，日本的創作歌手米津玄師也辦了一場。有別於一般的直播，連觀眾都化身成虛擬分身來到演唱會會場，與其他參加者在同一個虛擬空間中享受演唱會。此外，還可透過一種名為「Emote」的舞蹈功能來表達高昂的情緒。針對這類功能與虛擬分身課金，證明該公司已把重心放在遊戲內的交流上。

該公司的CEO以前就已經公開表示「以元宇宙為目標」，堪稱是遊戲類元宇宙的典型案例。

《要塞英雄》相當重視用戶之間的交流

除了主打的大逃殺外，《要塞英雄》在創意模式與虛擬演唱會等重視交流的方案上也不遺餘力。

此新聞頁展現出《要塞英雄》與美術館於2021年舉辦聯名活動時的實況。還可在遊戲內欣賞展覽

《要塞英雄》與崔維斯・史考特所舉辦的音樂活動「ASTRONOMICAL」的導覽頁面。可以在YouTube上觀看活動實況
（https://www.youtube.com/watch?v=wYeFAlVC8qU）

《要塞英雄》的特色

- **100人同時在線上奮戰（大逃殺）**
- **玩家可創建自己的場地（創意模式）**
- **觀眾亦可以虛擬分身之姿參加虛擬演唱會**

《機器磚塊》在年輕族群中表現強勁，連大品牌都十分關注

體現自行創造的「創作者經濟」

這款遊戲在日本尚未形成主流，不過在美國是每月活躍用戶超過1億人的超熱門遊戲。2021年3月上市時，市值達約4兆日圓。

最大的特色在於**其機制是由用戶自行創建遊戲內容，並讓其他用戶來遊玩同樂**。換言之，這款遊戲已經成為一個內容平台，還因此被評價為「遊戲版YouTube」。

另一個特色則是積極與形形色色的知名品牌聯名合作。比方說，耐吉在《機器磚塊》上創建了一個名為「NIKELAND」的空間，可以玩些田徑等迷你遊戲。在該空間內玩遊戲並收集硬幣，即可取得鞋子、衣服等物品，虛擬分身只要穿上這些就能提高奔跑的速度等，設計十分精妙。

這款《機器磚塊》之所以充滿元宇宙色彩，原因可歸結於「創作者經濟」。同樣熱門的遊戲《要塞英雄》的結構終歸還是以「大家一起玩營運方所準備的遊戲」為主，而《機器磚塊》的結構則是「讓其他用戶來玩由用戶所創建的遊戲」。這點蘊藏著在元宇宙中開創新經濟圈的可能性。

目前基本上還是以英語為應對語言，內容的資訊不多，所以在日本等亞洲國家地區尚屬小眾，但是不久的將來肯定會隨著元宇宙的發展脈絡而蔚為話題。

《機器磚塊》是由用戶自行創建遊戲

由用戶自行創建遊戲為《機器磚塊》的一大特色。此外，耐吉等品牌在《機器磚塊》上開創「世界」的做法也與日俱增。

《機器磚塊》的虛擬分身陣容

耐吉在《機器磚塊》上創建的「NIKELAND」
（資料取自 https://news.nike.com/news/five-things-to-know-roblox）

《機器磚塊》的特色

- **用戶可以自行創建遊戲的內容**
- **可讓其他用戶享受由用戶所創建的遊戲**
- **與知名品牌聯名合作**

微軟所推出的《當個創世神》，魅力在於高度的自由性

也被用於教育現場的黑馬

這款遊戲由來已久，擁有其忠實的愛好者，而如今被微軟收購而成為該公司的一項服務。**微軟在自家公司打造名為「HoloLens」的MR設備等，是與Meta公司並列為積極投入元宇宙領域的科技企業之一。**據說這款《當個創世神》應該也會超越單純遊戲的框架，以元宇宙之姿蓬勃發展下去。

其特色在於利用所謂的「體素（voxel）」，即如樂高積木般的方塊，憑直覺來創建建築物或空間。對創建者而言，難度並沒有那麼高。在技術方面亦是如此，用iPad等平板電腦也能輕鬆操作，因此從孩童乃至老人，應該任何人都能輕易嘗試。

不過這些人當中也有不少活躍用戶，會花好幾年建造神殿風格的建築物、製作如藝術品般的作品，或是打造一整條街等。這些人的作品被稱為「體素藝術」，吸引著眾人的目光。這些應該算得上創作者經濟的一環。

如上所述，這款《當個創世神》亦可用平板電腦來操作，所以也被活用於教育現場等，與《要塞英雄》或《機器磚塊》等的定位略有不同。其最大的優勢在於，幼童可以在未意識到這是元宇宙的情況下，用蓋沙堡般的感覺來熟悉它。

《當個創世神》允許由用戶自由地自行建造

《當個創世神》是一款設置方塊並展開冒險的遊戲。特色在於由用戶自由地自行建造。

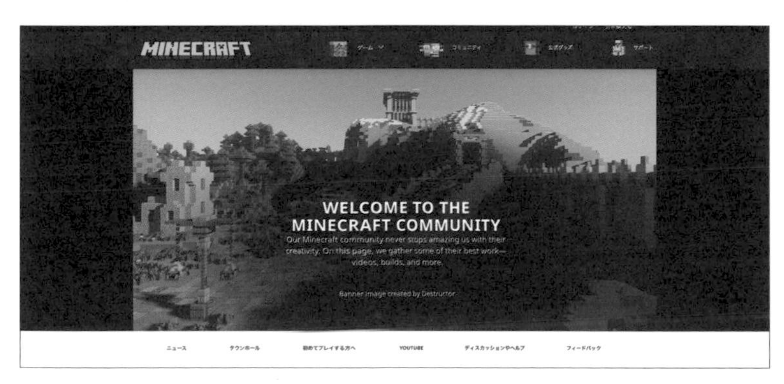

《當個創世神》的圖像

《當個創世神》的特色

- 由微軟所經營
- 使用全憑直覺
- 對規格的依賴度低
- 用戶長年樂在其中，甚至創造出藝術品

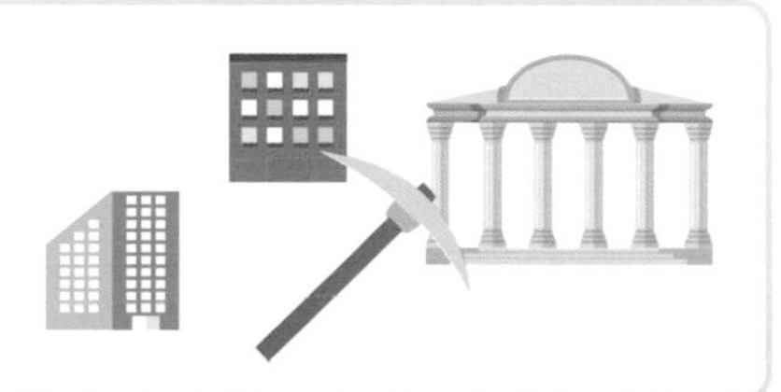

從起步階段就持續拓展用戶的《VRChat》已然成為社交VR中的佼佼者

VR眼鏡所帶來的沉浸感為妙趣所在

《VRChat》屬於可在VR上與朋友一起玩樂的「社交VR」類型，自2017年推出以來，便以同類型中用戶數最多的應用程式而為人所知，在日本也有一定數量的核心用戶會每天登入，是一項人氣難以動搖的服務。

設備方面，亦可使用PC，不過**戴上VR眼鏡來登入的用戶較多為其特色所在**。《VRChat》是以交流為主的「VR版SNS」，不過也有為數不少的創作者會像《當個創世神》般建構獨樹一格的空間。

有許多較為核心的用戶，有些用戶一天會登入好幾個小時，彷彿就住在那個世界裡。有這般緊密的社群，可說是《VRChat》的魅力所在。VR眼鏡帶來兼具體化認知與沉浸感的交流，這點應該對孕育出如此密切的社群發揮了不小的影響力。這也是元宇宙的潛力之一。

此外，也已出現企業活用這種透過VR帶來豐富體驗的案例。舉例來說，日產汽車於2021年11月在《VRChat》上開設了自家公司的展示廳。不光展示汽車，還可乘坐該公司的電動車，體驗前往南極或北極參觀環境的學習之旅。

此外，該展示廳的製作是由平常就在《VRChat》上進行創作活動的一群創作者來負責，而正逐漸開創出其特有經濟圈的這項服務也不容小覷。

《VRChat》裡的世界與社群都相當充實

《VRChat》是以VR用戶為主的平台。從2017年起開始提供服務，世界與社群都相當充實為其特色所在。

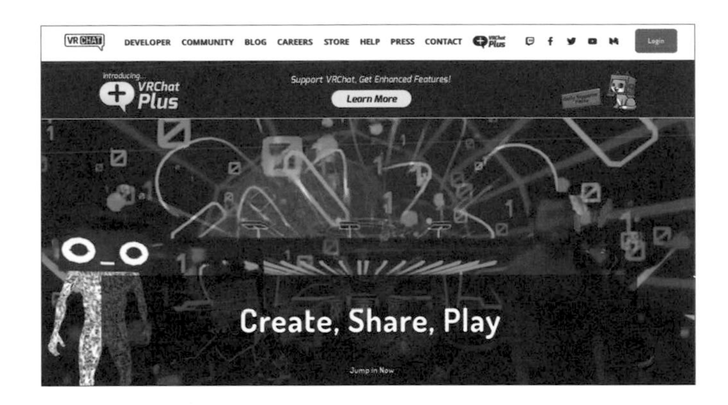

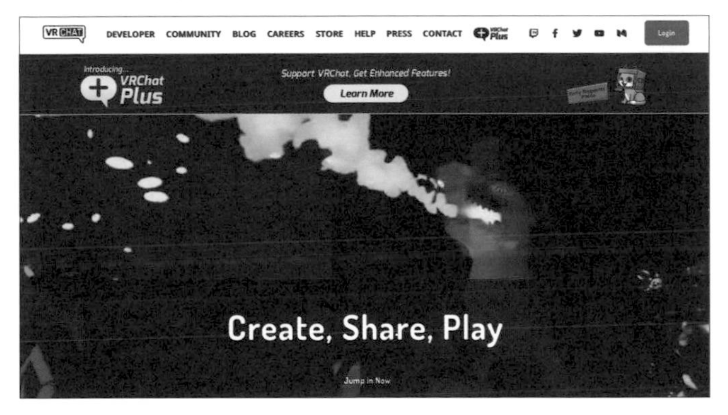

《VRChat》官網的圖像

《VRChat》的特色

- 為社交VR
- 大部分的用戶都是使用VR眼鏡
- 也有長時間樂在其中的核心用戶

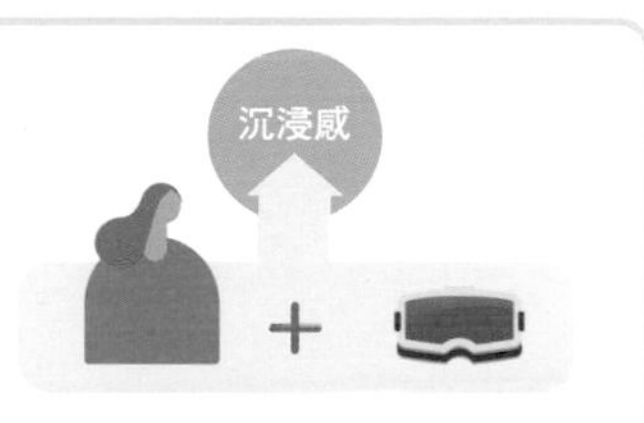

由聚逸公司經營，從虛擬直播發展起來的《REALITY》

在世界各地都有愛好者的日本產元宇宙

《REALITY》是日本所提供的服務。其內容突然充滿動畫色彩，或許可說是別具日本特色之處。由社交遊戲聚逸公司（GREE）的子公司所經營，於2021年8月宣布「將針對元宇宙進行規模100億日圓的投資」而成為話題。

這款《REALITY》目前正從利用虛擬分身的虛擬直播服務開始發展。其服務如同17LIVE或SHOWROOM般，由用戶向正在直播的人打賞來進行交流。今後還會上傳「世界（world）」功能，即可在虛擬空間中自由地四處走動或與其他虛擬分身進行交流，使其進化為正式的元宇宙。

《REALITY》的獨特之處在於，**它不是一款遊戲，而是完全以交流為目的的空間**。在此之前的直播都只能隔著畫面進行交流，但若換做是元宇宙，則有可能進行更加積極且互動式的交流。不光對直播主，說不定今後粉絲之間也能產生聯繫。

《REALITY》原先是始於日本的服務，但是在62個國家與地區已有數百萬名用戶，來自世界各地喜愛日本動畫世界或Vtuber（虛擬YouTuber）的人們皆齊聚於此。順帶一提，營運公司的代表因經常以虛擬分身之姿接受採訪等而聞名，發揮著猶如活招牌般的作用。

聚逸公司所經營的《REALITY》將以100億日圓的規模發展元宇宙事業

《REALITY》是聚逸公司的子公司所開拓出的服務。原本是從虛擬直播服務起家，卻於2021年8月宣布將以100億日圓的規模進軍元宇宙事業。

聚逸公司透過虛擬直播應用程式《REALITY》來加速發展元宇宙事業
（資料取自聚逸公司的新聞稿 https://corp.gree.net/jp/ja/news/press/2021/0806-01.html）

《REALITY》的特色

- 是日本的服務
- 有打賞系統
- 預計安裝讓虛擬分身之間進行交流的功能
- 以交流為主而非遊戲導向

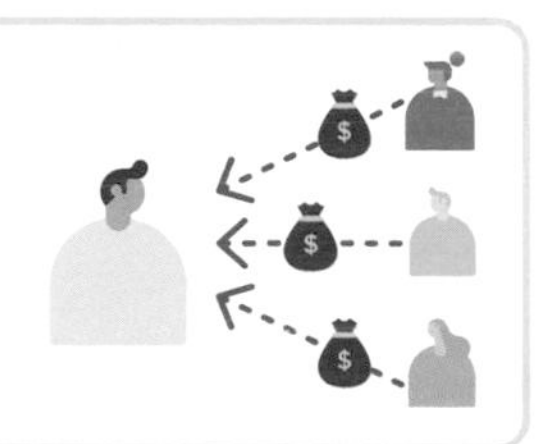

《cluster》是從虛擬活動起家的日本國產元宇宙

日本國產的服務，於日本的矚目度與功能面上已領先了一步

《cluster》是日本風險投資企業所經營的一項服務。以虛擬活動的平台之姿起家，可在其中舉辦藝人的音樂演唱會等。

較具代表性的便是「虛擬澀谷」。透過3DCG重現了澀谷車站周邊的街道，並在虛擬的澀谷中舉辦各式各樣的活動，其中又以虛擬萬聖節為日本國內的大型專案之一，有來自世界各地約55萬多人參與其中。

與寶可夢、迪士尼等知名企業或虛構角色的聯名合作也別具特色。舉例來說，2020年於《cluster》上創建了名為「寶可夢虛擬祭典（Pokémon Virtual Fest）」的虛擬空間，可以享受各種內容帶來的樂趣。

另一個特色在於**智慧型手機的用戶特別多。當然也可以用PC或VR眼鏡登入，不過智慧型手機專用的應用程式十分完善，所以足以樂在其中**。也因此任何人都可以輕鬆登入，降低了參加的門檻。

各個元宇宙平台的最終目標應該是一致的，不過《cluster》已經擁有常設的「世界（world）」（元宇宙空間），還公開了允許用戶自行用智慧型手機在《cluster》上簡單創建空間的「World Craft」功能等，感覺已領先了一步。作為日本國產的元宇宙服務，今後的發展受到最多關注。

亦可用智慧型手機輕鬆登入虛擬空間的《cluster》

《cluster》是日本一家新創企業Cluster株式會社所經營的元宇宙平台。特色在於用智慧型手機也可以輕鬆登入虛擬空間。

元宇宙平台《cluster》的智慧型手機版（資料取自《cluster》官網）

虛擬澀谷au 5G 萬聖節祭典2021官網
（https://shibuya5g.org/article/virtualshibuyahalloweenfes2021/）

《cluster》的特色

- 由日本企業所經營
- 與企業或IP的聯名合作相當豐富
- 有很多智慧型手機用戶
- 用戶可自行創建場所

Meta公司鎖定的新世代平台「Horizon Worlds」

搭載能讓用戶憑直覺來創建空間或遊戲的功能

「Horizon Worlds」是Meta公司所開發的自家平台，於2021年12月對外公開。現階段（2022年2月）僅在北美的美國與加拿大提供服務。還不確定何時會對其他國家開放。

其使用場景本身與到目前為止所介紹的其他SNS型元宇宙並無太大差別，但是每月用戶數已達30萬人左右等，正以飛快的速度不斷成長。

此外，此平台最大的特色在於**創建功能十分完善，即便未借助「Unity」等外部的3DCG工具，也能利用「Horizon Worlds」內的功能，憑直覺來創建VR空間或遊戲**。這意味著其重點擺在「創造」而不是單純的「遊玩」。Meta公司宣布目前已經建立了1萬個世界（world）。

其背後存在所謂SNS型元宇宙的「宿命」。現在的Facebook與Twitter亦是如此，SNS是一項必須有人聚集而來才成立的服務。如果用戶覺得「內容總是一成不變」，就會厭倦而不願再來。然而，**倘若每次進入空間都有新增的內容，用戶就會抱持著「也許有什麼有趣事物」的期待而一次又一次來訪，便會形成一個良性循環**。

Meta公司過去曾推出社交VR服務，但是都未能大受歡迎。根據這層反省，這次似乎特別有意識地創造出「不讓用戶感到厭煩的機制」。

於2021年12月對外公開的Horizon Worlds

「Horizon Worlds」是Meta公司作為新世代SNS所展開的服務。於2021年12月對外公開，但在筆者執筆的當下僅在北美提供服務。

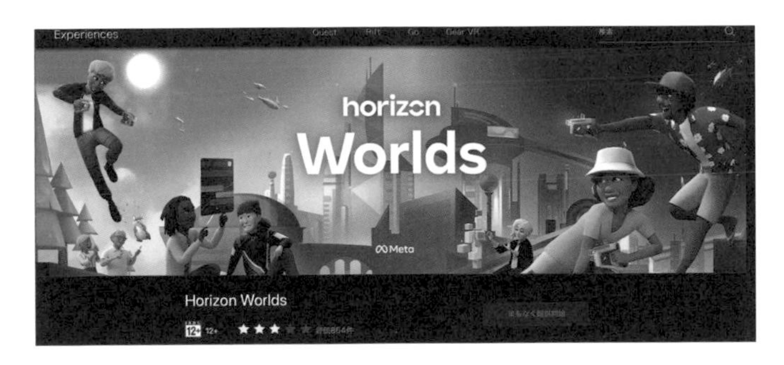

「Meta Quest」官網的圖像

「Horizon Worlds」的特色

- **已開始在北美提供服務**
- **每月用戶數達30萬人**
- **可憑直覺來創建VR空間或遊戲，創建功能十分完善**

側重於辦公室用途的商業會議專用VR「Horizon Workrooms」

以虛擬分身之姿參與其中的VR會議室

「Horizon Workrooms」是由Meta公司所開發的自家服務「Horizon」系列之一。同系列的「Horizon Worlds」是to C（針對消費者）的平台，相對的，**「Horizon Workrooms」則是側重於to B（針對企業）的服務。來自世界各地的人們皆可在虛擬空間中一起工作，也就是所謂的虛擬辦公室應用程式**。

既然稱之為Workroom（工作室），其世界自然是設計成虛擬的會議室。用戶會以虛擬分身之姿參與其中。與迄今為止的遠距會議系統的差別就在於這種虛擬分身的存在。可以實際站起身來並在白板上寫字，或是說話時加上動作與手勢，故可身歷其境般進行會議。

另一方面，並非所有成員都擁有VR頭戴式裝置，所以另有一項功能是和Web視訊會議服務合作推出的，即將2次元參加者的影像加入虛擬會議室中。此外，還可與參與者共享實際正在使用的個人電腦中的投影片或文件等。換言之，虛擬與現實已混合得恰到好處。

雖然還只是測試版本，功能方面仍在開發精進中，但「Horizon Workrooms」應該可說是展示「VR頭戴式裝置在遊戲之外也能派上用場」的最佳範例。網際網路最初也是從核心愛用者的交流工具或遊戲切入，但後來也為辦公所用而廣泛地普及開來。元宇宙或許也會依循同樣的路線來發展。

下一代的VR會議室「Horizon Workrooms」

「Horizon Workrooms」是Meta公司所提供的一項辦公室專用VR服務。此服務也已在日本公開推出。

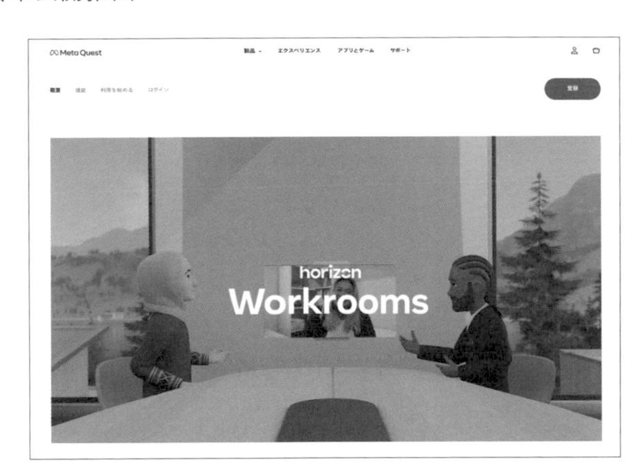

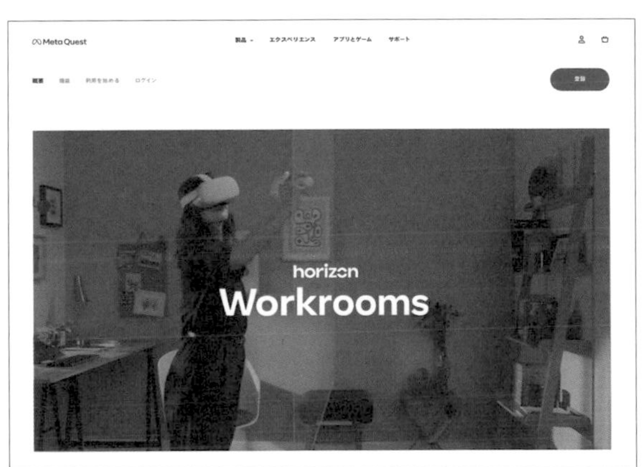

「Meta Quest」官網的圖像

「Horizon Workrooms」的特色

- Meta公司所經營的平台
- 側重於to B
- 可以虛擬分身之姿參加會議
- 亦可混合2次元影像

Part 3 主要服務平台

與「Teams」及「Office」攜手合作的「Microsoft Mesh」

與現實混合得恰到好處以降低元宇宙的隔閡

微軟目前提供了一款為企業與政府機關設計的元宇宙平台：「Microsoft Mesh」。

設備方面是使用名為「HoloLens」的MR眼鏡，同為微軟所提供。**所謂的MR眼鏡，和完全遮覆視野的VR眼鏡有所不同，是混合現實與虛擬以求在現實空間中呈現3D物體的一種工具。**使用這款「HoloLens」，即可舉行會議、支援設備的維護檢修或遠距診療之類的作業。

微軟預計於2022年提供一項與自家的Web視訊會議工具「Teams」合作的功能：「Mesh for Microsoft Teams」。這並不是像Meta公司的Horizon Workrooms那種以虛擬分身為主的空間，而是將披著虛擬分身之姿的人們加進既有Web視訊會議的畫面之中。這對那些還不習慣元宇宙的人們而言較容易熟習，畢竟「Teams」是已在大企業中獲取極高市占率的工具。隨著與虛擬分身開會的機會增加，對於與虛擬分身交談的牴觸會漸漸消失，搞不好「自己也想利用虛擬分身來發言」的人會不減反增。作為元宇宙的入口，可謂實力強勁呢。

薩蒂亞・納德拉CEO已公開表示，「微軟將會逐步實現企業專用的元宇宙」。在大型科技企業中，微軟是繼Meta公司之後相當積極投入的公司。就連Apple也致力於發展AR，所以科技業今後的動向備受關注。

企業專用的服務：Microsoft Mesh

「Microsoft Mesh」是微軟所提供的企業專用服務。預計自2022年起開始提供一項與Teams合作的功能：Mesh for Microsoft Teams。

資料取自「Microsoft Docs」

資料取自「Microsoft」官網

「Microsoft Mesh」的特色

- **企業與政府機關專用的平台**
- **使用混合現實與虛擬的MR設備**
- **可在Web視訊會議中使用虛擬分身**

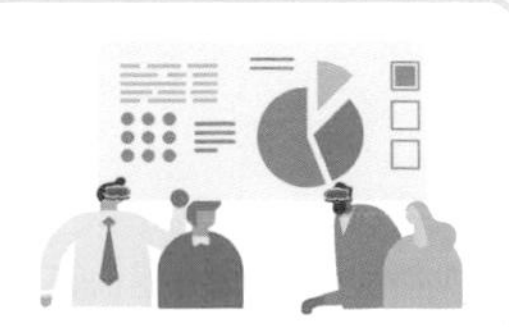

志在透過AR來建構元宇宙的「Niantic」

享受將元宇宙帶到戶外的樂趣

Niantic公司以開發出《Pokémon GO》而聞名，也是新創企業中資金調度順暢無礙的強大企業。該公司的目標是建構一個以AR為主軸而非VR的元宇宙，且已**安裝所謂「AR＋模式」的擴增實境功能，讓寶可夢看起來真的在現實世界中現身於訓練家眼前**。這些都可以在智慧型手機上操作使用。

該公司最新的一個動態是發表了一款AR遊戲開發人員專用的開發工具包：「Lightship AR Developer Kit（ARDK）」。利用這個工具包，一般的開發人員也可以輕易製作出像《Pokémon GO》這類AR應用程式。**這大概是出於「希望大量打造現實與虛擬交織而成的場景來擴展AR的元宇宙平台」的考量吧。**

關於「AR也算是元宇宙嗎？」原本就存在著爭議，不過如果元宇宙最終抵達的目的將會是「在虛擬世界開創出新的經濟圈」，那麼我認為以廣義來說，活用AR的服務亦可列入元宇宙的範疇之中。

此外，AR型元宇宙往後的關鍵在於與現實世界的融合，因此目前正殷切期盼著免用雙手也能使用的高精度簡便型AR眼鏡的出現。只要這方面的基礎設施一應俱全，或許就能實現前所未有的動態元宇宙體驗，比如在體育場觀賞運動賽事時可透過AR查看選手的數據，或是多人一起訪問AR遊戲等。

Niantic因開發出《Pokémon GO》而聞名

Niantic因開發出《Pokémon GO》而聞名，目標是建構一個以AR為主軸的元宇宙。已發表一款AR遊戲開發人員專用的「Lightship AR Developer Kit（ARDK）」。

資料取自「LIGHTSHIP」官網的圖像

「Niantic」的特色

- 開發出《Pokémon GO》的企業
- 目標是創建以AR為主的元宇宙
- 已對外公開一款AR遊戲開發工具包

建立在以太坊區塊鏈上的《沙盒》

為數位土地與物品增添價值的服務

接下來要介紹的是「加密型元宇宙」。

加密資產的技術，具體來說就是以太坊的區塊鏈技術，以此為基礎的服務即稱為「加密型元宇宙」。

具體而言，不妨將其想成一個這樣的世界：將元宇宙中的土地或物品化為NFT，使其可如同現實世界般進行買賣。

首先要介紹的服務是《沙盒》，**這是一款如《當個創世神》般以堆疊3D體素創建而成的遊戲**。遊戲本身於2012年左右推出，但後來著眼於元宇宙而重新打造出一套奠基於加密貨幣的服務。

雖然功能方面尚未對外公開，不過因為愛迪達與古馳等知名企業取得了《沙盒》中的土地而熱掀話題。

至於這些企業試圖在《沙盒》內做些什麼，大概是要販售自家公司活用NFT製成的數位商品吧。總而言之，就是作為虛擬展示廳。

知名品牌紛紛加入了《沙盒》。**也有愈來愈多企業預測今後會有不少人受到這些品牌的吸引而加入，便依循相同的方式取得土地以作為前期投資。**

然而，那些土地實際上是否值那個價則有待日後驗證，所以也有人懷疑「會不會是暫時性的盛況？」是否真的能創造出價值，想必往後數年間便可見真章。

《沙盒》亦允許用戶在虛擬空間中創建虛構角色或建築物

這是一個可在由3D體素所構成的虛擬空間中創建虛構角色或建築物、體驗遊戲等的平台。於2021年11月月底公開了預覽版本。

資料取自《沙盒》官網

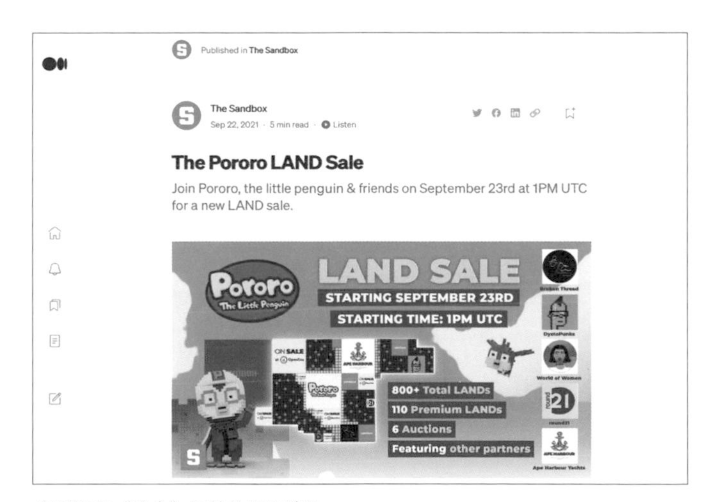

資料取自《沙盒》網站的相關連結
https://medium.com/sandbox-game/the-pororo-land-sale-36f4e3b5f398

《沙盒》的特色

- 活用區塊鏈技術的加密型元宇宙
- 以3D體素堆疊而成的遊戲
- 愛迪達與古馳皆已購入土地

高額買賣虛擬土地而成為話題焦點的《Decentraland》

解決過於自由反而流失人群的困局

《Decentraland》已經對外公開，任何人都可以經由瀏覽器進入。**這是一項經常因土地高額買賣而成為話題焦點的服務，最近一次登上新聞版面則是因為2021年下半年以超過1億日圓交易了土地。**《Decentraland》裡有物品專用的市集等，早早實現了元宇宙特有的經濟圈。

其服務內容包括可在虛擬空間中與人相會或是參加活動等，理念本身與其他元宇宙並沒有太大不同。最大的差別在於對土地的規定。比方說，在《VRChat》上可以無限制地打造或擴張土地，但是《Decentraland》上的土地數量是固定的，使得土地衍生出稀缺價值而可以在市場上進行買賣。

實現這一點的是也被運用在NFT藝術上的加密技術。**可以無限擴展是數位內容的優點，但是如今區塊鏈的趨勢卻反其道而行，即「針對數位內容施加數量限制，藉此增添價值」。**

有些人認為這是《第二人生》所帶來的反思。有則理論指出，在《第二人生》中，因為土地擴展過快導致用戶分散，結果陷入「走到哪都遇不到人」的狀態，故而這次試圖避免「過度擴增土地數量」。

這項服務原本的目的或許不是販售土地，但如今卻因此格外受到矚目。

加密型元宇宙：Decentraland

《Decentraland》是從2015年開始開發的一項服務，可說是加密型元宇宙中的元老。已經對外公開，《Decentraland》上被稱為LAND的土地的高價交易引發熱議。

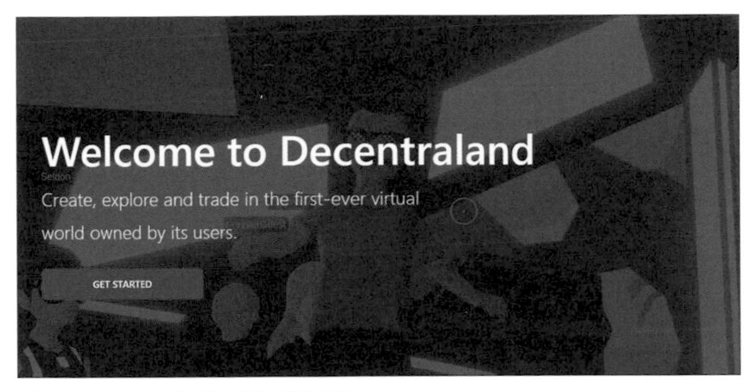

《Decentraland》登入首頁的畫面

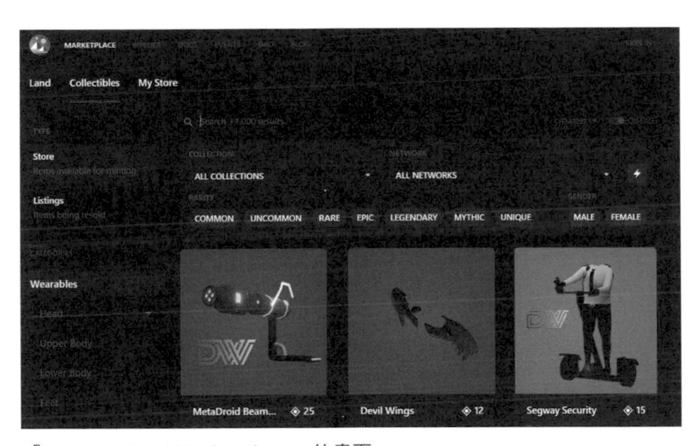

「Decentraland Marketplace」的畫面

《Decentraland》的特色

- **以高價買賣土地**
- **運用提高土地稀缺價值的對策**
- **克服了《第二人生》的問題點**

活用NFT，開放式元宇宙中的文化都市「MetaTokyo」

作為數位藝術的展示空間而受到矚目

最後介紹2個日本的案例。首先是一項名為「MetaTokyo」的專案，目前由ASOBISYSTEM、ParadeAll與Fracton Ventures三家公司共同推動。在上一節所提到的**《Decentraland》的土地上，創建了名為「全球文化都市MetaTokyo」的空間，並與國內外的創作者及合作企業共同執行各式各樣的企劃**。如果《Decentraland》是一個平台，這個「MetaTokyo」則可稱為其中的一個世界。大概就是「日本中的澀谷」這種概念吧。

其首發企劃便是在這個「MetaTokyo」的部分區域開設一家彈出式博物館「SPACE by MetaTokyo」，用以展示NFT藝術。概念近似位於澀谷的109百貨或PARCO。建築物的設計是由以元宇宙、VR創作者身分活躍於國內外的MISOSHITA操刀，打造出現實中不可能存在、元宇宙特有而獨具特色的設計空間。

NFT藝術現在正流行，也已催生出五花八門的企劃，但是如果沒有展示場所，就無人欣賞。**利用這類加密型元宇宙來作為NFT藝術展示場的案例正日漸增加。**

對於作為次文化主力的年輕Z世代而言，有些情況下，數位空間會比現實場地更容易走訪。除了展示這類數位藝術外，今後應該還會在這個「MetaTokyo」中展開各式各樣的企劃。

MetaTokyo所創建的「全球文化都市東京」

MetaTokyo這項企劃在《Decentraland》上創建出「全球文化都市東京」，並與國內外各式各樣的創作者及合作企業共同發展事業。

MetaTokyo登入首頁的畫面
（https://metatokyo.xyz/）

「SPACE by MetaTokyo」也有在時尚祭典
「元宇宙時裝週（Metaverse Fashion Week）」上進行更新

「MetaTokyo」的特色

- **創建出「全球文化都市東京」**
- **串聯日本國內的創作者及合作企業**
- **開設了展示NFT藝術的「SPACE by MetaTokyo」**

以虛擬分身為主軸的加密藝術企劃「Metaani」

活用舉世無雙的NFT機制

繼上一節之後，再介紹另一個日本國內的案例：「Metaani」。這是一個加密藝術的企劃，以虛擬分身為主軸。是由舉辦世界最大加密藝術展覽「Crypto Art Fes」的mekezzo與以VR藝術家身分活動的MISOSHITA所發起。透過購買加密藝術即可作為通行證，進入名為「Metaani land」的元宇宙空間。Metaani land被形容為「主題樂園＋音樂節會場」，預計今後會配合虛擬分身的銷售狀況來依序擴張區域。

「Metaani」最大的特色在於**虛擬分身是獨一無二的。形狀與圖案都是由電腦隨機生成，不會產生兩個一樣的分身。這點衍生出其價值。**另有與Vtuber絆愛（Kizuna AI）聯名推出的虛擬分身，藉此加深購入的愛好者之間的連結也是一種享受方式。

此外，在「Metaani」購買的虛擬分身在開放式元宇宙中是相容的，所以在其他元宇宙空間也可以使用。實際上，Metaani的所有者會聚集於《cluster》並舉辦活動等。

更有甚者，自己所持有的虛擬分身還能用於商業用途，故可自由地企劃或販售活用了虛擬分身的遊戲或服飾，這點也別具特色。

在筆者執筆的當下（2022年2月），「Metaani」的初次銷售已經結束。因為是限定販售，接下來價值可能還會上漲，不過似乎有不少人是為了收藏，或是作為SNS上的交流工具而購買，並非出於投機目的。

展開「Metaani land」等特有的元宇宙空間

「Metaani」是日本推出的一項加密藝術企劃。特點在於10,000種虛擬分身中不存在任何相同的個體，還開拓出「Metaani land」等特有的元宇宙空間。

「Metaani」登入首頁的畫面
（https://conata.world/metaani/gen）

「Metaani」的特色

- 以動物為發想的可愛虛擬分身
- 虛擬分身是用電腦隨機生成的
- 限定1萬個虛擬分身

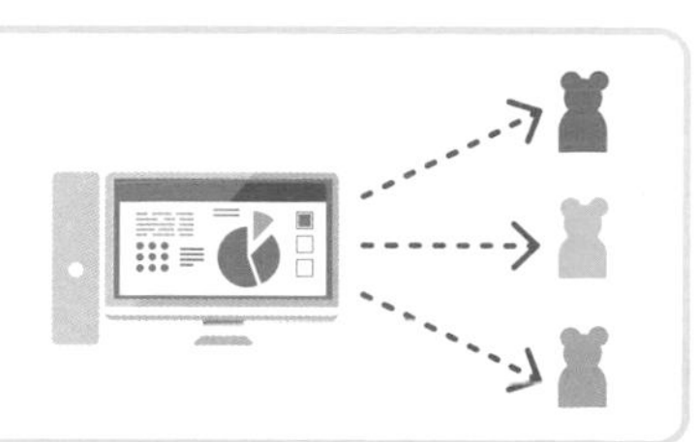

Part 3 主要服務平台

Column

全球性科技企業「Apple」的動向引發關注

Meta（前Facebook）與微軟等全球性科技企業皆紛紛加入元宇宙市場。另一方面，應該也有不少人很關注另一個企業的動向吧？沒錯，說的正是「Apple」。

以前就有傳聞說Apple即將推出「AR眼鏡」，不過目前仍遲遲未正式宣布。AR眼鏡的發售時期尚不明朗，不過可以肯定的是，Apple目前正致力於開發AR，目前已實際針對以iPhone為基礎的AR提供一款開發框架：「ARKit」。App Store上已經有超過1萬4000款應用程式使用了ARKit。不僅如此，最近的iPhone與iPad的高端型號中皆搭載了名為「LiDAR」的空間辨識用掃描儀，為展開更正式的AR應用程式而逐步奠定基礎。

Apple的CEO提姆．庫克面對記者「Apple對元宇宙有何看法？」的提問時，雖未使用元宇宙一詞，但是以「我們在這個領域感受到莫大的可能性，且正在進行相應的投資」來回應。由於該公司到目前為止不曾針對元宇宙的發展脈絡進行發言，故而這番話成了熱門話題。

從智慧財產的觀點來看，Apple持續申請與元宇宙或XR相關的專利一事不容小覷。若從這些舉措的角度來思考，該公司可能正處於虎視眈眈、蓄勢待發的階段呢。

Part 4

加快元宇宙發展的

新技術、基礎設施與經濟

多合一型的 VR設備「Meta Quest2」

Meta公司希望連硬體都牢牢掌控的決勝設備

雖說VR並不等於元宇宙，但VR設備在元宇宙今後的普及上將發揮重大作用。如今獨立式VR設備「Meta Quest2」已然成為其代名詞。原本的名稱為Oculus Quest2，但配合Meta公司更名而從2022年1月起連品牌名稱都統一為「Meta」。

所謂的獨立式，是指無須連接電競電腦也能體驗VR的設備。Quest2的特色在於，以3萬多日圓的相對低價便實現了「6DoF（六自由度）」的功能，即可同時識別頭部與身體的動作。

至於Meta公司為何致力發展Quest這個設備，甚至將品牌名稱改成與公司名稱一致，是因為它正試圖認真攻占硬體與應用程式商店這個階層。Meta公司在智慧型手機的市場中未能奪下這個領域，並因此受限於平台方的廣告限制而面臨著龐大的事業風險。有鑑於此，Meta公司認為在元宇宙市場不能再猶豫不決。

當然，只靠設備是無法吸引用戶聚集的。必須網羅大量充滿魅力的應用程式或平台。Quest2的商店內囊括了自家公司的「Horizon Worlds」的競爭對手「VRChat」，便是基於這個理由。就像任天堂Switch一樣，其遊戲軟體的商品陣容中也羅列了非由任天堂所製造的遊戲。

硬體與軟體兩大支柱的開發將會是爭奪元宇宙霸權的關鍵。

「Meta Quest2」是可透過獨立式設備樂在其中的VR設備

「Quest2」是Meta公司於2020年10月發售的獨立式VR頭戴式裝置。據說這項產品已在全球累計銷售近1000萬個，連日本都積極推廣。

Mata Quest2
https://www.oculus.com/quest-2/?locale=ja_JP

可反映在VR中的動作差異

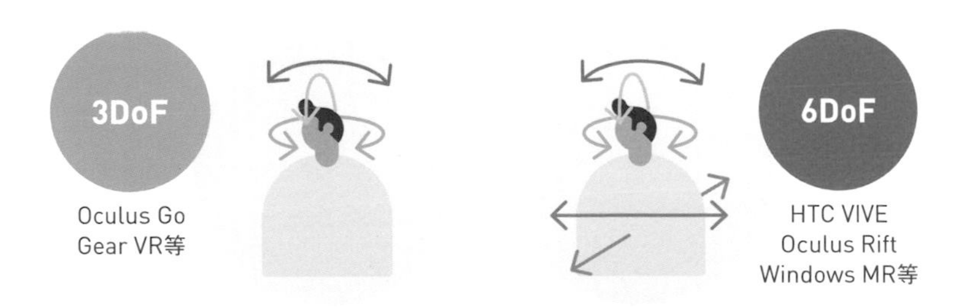

「Meta Quest2」的特色

- Meta公司所發售
- 可實現全身的VR體驗
- 為獨立式

Part 4 新技術、基礎設施與經濟

驚人的「觸覺回饋技術」讓VR更加逼真

即將連觸感與體溫都能重現？

觸覺回饋（haptic feedback）顧名思義，是一種可以重現手裡持物或觸碰身體等感覺的技術。

右頁照片的手套型自然是用以重現手裡持物的感覺。背心型則是在射擊遊戲等中遭敵人射中就會震動而可獲得彷彿實際被射中的感覺。兩者皆是為了營造出更加深入沉浸感的設備，美國與中國的製造商已經將其商品化。一台仍要價數萬日圓至10萬日圓不等，因此許多案例都是用於遊戲中心的高規格VR街機等，而非家用遊戲機。

這種觸覺回饋技術一開始會先從遊戲用途普及開來，不過不久後應該也會被用於其他用途。

可能性最高的是製造業等的培訓。**此技術可以某種程度重現物理上的回饋，因此往後將可在更接近現實的環境中學習機械或重型機械設備的操作方式等。**若再進一步提高精度，也有可能用於太空探索火箭的遠距操作，或是遠距醫療等需要精細作業的現場。

這類設備在元宇宙中當然也頗具效果。因為沉浸感愈高就「愈接近現實」。細膩的觸感與溫度仍須投注時間才能商業化，不過將來能夠透過虛擬分身來感受視覺與聽覺以外的觸覺資訊後，在元宇宙裡可以做的事情應該會日趨增加。

不久後將可對應五感?! 令人吃驚的「觸覺回饋技術」

現在的VR是以視覺與聽覺的資訊為主，若結合可傳遞觸覺的觸覺回饋技術，有可能營造出更加深入的沉浸感。

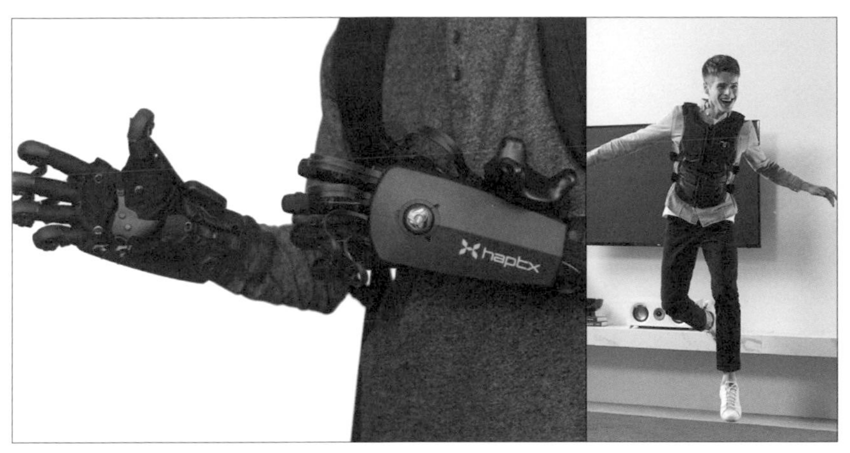

傳遞觸覺的手套。發揮五感以獲得沉浸感的那一天即將到來。
https://haptx.com/
https://www.bhaptics.com/tactsuit/tactsuit-x40

何謂觸覺回饋技術

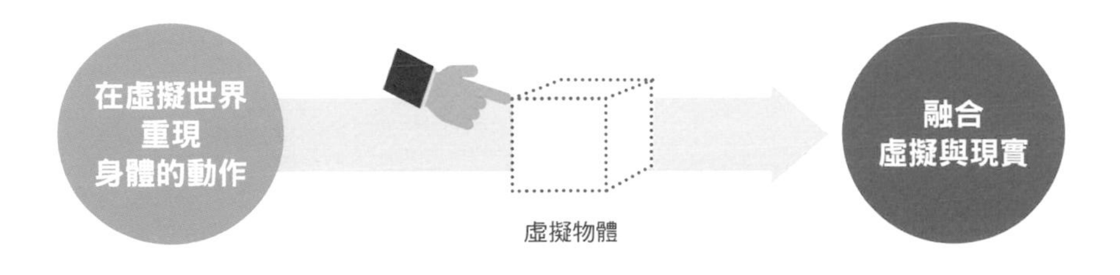

觸覺回饋技術的特色

- 在虛擬世界中重現觸覺
- 應用範圍從遊戲延伸至製造業
- 可更接近現實的感覺

AR眼鏡實現了現實與數位的融合

雖然是半真實半虛擬，難度卻比VR還高

所謂的AR，是「Augmented Reality」的簡稱，一般被稱為「擴增實境」。**這項技術是在實際的風景上疊合各種資訊後呈現出來，藉此在空間上擴增眼前的世界。**已經有各種製造商開始販售AR眼鏡，比如微軟的「HoloLens 2」、中國企業Nreal的「Nreal」等，據傳Apple今後也會加入。

有別於完全遮覆視野的VR（可投射外部的影像），AR可說是半真實半虛擬，一般人往往以為「在技術上應該比VR還簡單」，然而，必須即時掌握「哪些地方有哪些東西」等位置資訊，會對感應器造成相當大的負擔。對感應器的精度與負載處理有高度要求，所以其實是AR眼鏡的實用化難度比較高。反之，獨立式VR設備較容易開發，價格上也逐漸降至3、4萬日圓左右。

有鑑於這些情況，一般認為VR眼鏡與AR眼鏡很可能會隨著不同的發展脈絡逐漸普及開來。

至於AR眼鏡的用途，若是在工作領域，可在醫師進行手術時將患部投影在病人的身體表面。若是在娛樂領域，只要戴上AR眼鏡進行奔跑，路上會出現各式各樣的物體，可像玩遊戲般樂在其中——市面上已經開始販售具備這類功能的商品。

進化驚人的AR眼鏡

微軟所提供的MR頭戴式裝置HoloLens 2、中國企業Nreal所開發的智慧型眼鏡「NrealLight」等，各種製造商所推出的AR、MR設備開始陸續登場。

HoloLens 2（照片左）／NrealLight（照片右）

智慧型眼鏡的全球市場

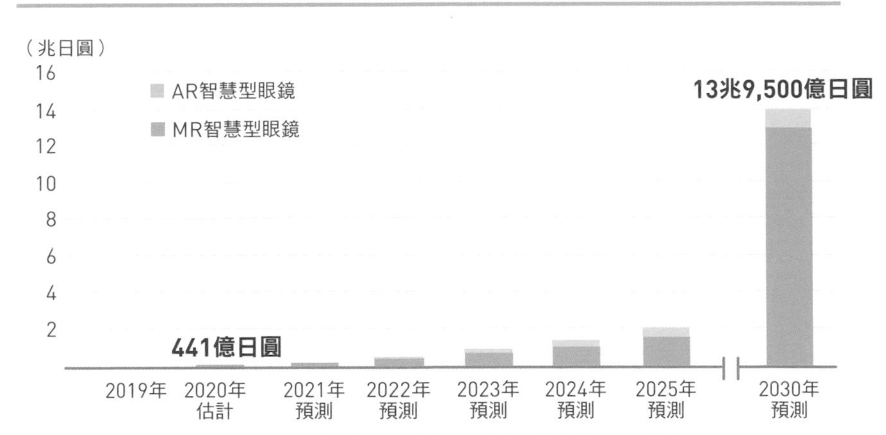

來源：市場研調機構富士Chimera總研的新聞稿（2020/8/21發布 第20088號）

AR眼鏡的特色

- Apple等大型企業預計加入
- 半真實半虛擬的視覺感受
- 除了娛樂領域外，產業上亦有需求

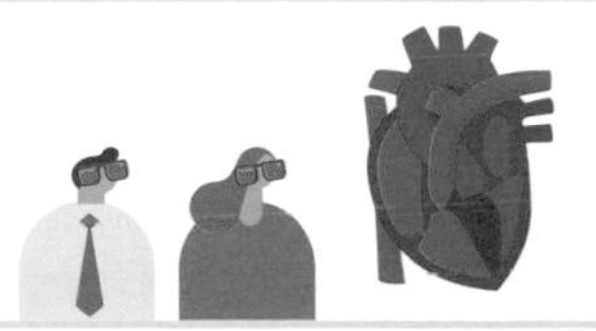

數位孿生與AR雲所創造出的鏡像世界

現實與數位完全融合而成的世界正等著我們

隨著AR技術逐漸進化，將會發生什麼樣的狀況呢？

所謂的「數位孿生（digital twin）」，是指感測現實的資訊並在數位上創造出如雙胞胎般一模一樣的空間資訊。這種數位孿生與現實世界交織而成的世界即稱為「鏡像世界」。

至於實現這一點有什麼樣的好處，舉例來說，將可正確地做出災害模擬。將在一定規模以上的地震或降雨下會造成什麼樣的影響重現出來，即可在電腦上設計出不受其影響的建築物或橋等。

自動駕駛的精確度也會大幅提升。比方說，在期待將來能夠實現的無人機運輸方面，只要能正確掌握「現實中的哪個地方有什麼樣的物體」，即可飛行而不引發意外。

此外，只要使用所謂的AR雲技術，當有人針對現實世界寫入數據或物體，其他用戶將可即時讀取。只要將這種數位孿生與AR雲結合起來，現實中的人與元宇宙中的人就有可能在同一個空間中看著相同的事物來進行交流。

這種數位孿生必須全面掃描地形數據並四處安裝感應器等，必須社會整體一起投入，否則很難實現，不過一旦實現了，屆時等著我們的將會是一個「現實與數位完全融合的世界」，應該稱得上是元宇宙的完成版之一吧。

AR雲技術與數位孿生技術

所謂的鏡像世界，是用來形容「以一比一的比例將現實的都市與社會中的一切加以數位化所形成的世界」的用語。當數位孿生與AR雲一應俱全，即可實現鏡像世界。

鏡像世界內的現實世界與數位孿生

遊戲引擎成了建構元宇宙的基礎

最具代表性的是「Unity」與「虛幻引擎」

所謂的「遊戲引擎」，是預先提供遊戲開發所共同需要的功能與處理工具之總稱，又以「Unity」與「虛幻引擎（Unreal Engine）」最具代表性。

「Unity」是由一家前遊戲製作公司Unity Technologies所經營，原是公司內部自製的遊戲引擎，後來對外販售。可對應多種平台，主要被用來製作智慧型手機專用的3D遊戲。**可廣泛運用的功能與資源（素材）都很充實，因此那些必須從無到有全部自行製作而勞心勞力的企業與個人創作者都對這款遊戲引擎十分支持**。個人使用是免費的，所以學生也能較簡單地操作。「虛幻引擎」是因《要塞英雄》而為人所知的Epic Games公司所提供的遊戲引擎。其繪圖品質絕佳，因此也被用來製作PlayStation等高功能遊戲機的內容。用最新版本所製成的樣本內容是以電影《駭客任務》的世界為舞台，簡直媲美好萊塢電影的品質。

哪一種比較好不能一概而論，不過「如何操作並移動3DCG」或「多人如何訪問同樣以3DCG創建而成的虛擬空間」將會是元宇宙的基礎，所以要求這方面必須接近遊戲的水準。這類遊戲引擎開始普及後，可說是終於逐漸降低了元宇宙開發的難度。

被用於元宇宙開發的遊戲引擎（Unity、虛幻引擎）

所謂的遊戲引擎，是預先提供遊戲開發所共同需要的功能與處理工具之總稱。元宇宙的基礎技術與遊戲開發相近，因此遊戲引擎也常被用於元宇宙的開發。

Unity與虛幻引擎的差別

Unity	虛幻引擎

可對應多種平台的「Unity」 https://unity.com/	Epic Games公司所開發的「虛幻引擎」 https://www.unrealengine.com/en-US
特色	**特色**
有各種語言的資訊，便於遊戲開發 此外，資源商店也很充實	便於製作美麗繪圖的遊戲
使用費	**使用費**
個人免費，商業用途則部分收費	基本上是免費的，收益超過一定程度後開始收取使用費
主要使用者	**主要使用者**
專為包括行動終端設備在內的多種平台進行開發的人	專為PC或控制設備開發高端內容的人
使用Unity製成的代表性遊戲	**使用虛幻引擎製成的代表性遊戲**
FallGuys、Pokémon GO、賽馬娘等	要塞英雄、最終幻想VII 重製版、勇者鬥惡龍XI 尋覓逝去的時光

讓3DCG民主化的建模工具

建模工具是影響元宇宙品質的重要存在

「Maya」與「Blender」等建模工具與「Unity」、「虛幻引擎」並駕齊驅，發揮著重要的作用。然而，其使用目的略有不同。

「Unity」與「虛幻引擎」是用以控制遊戲的工具，相對的，「Maya」與「Blender」則是用來打造在遊戲上活動的3D物體的工具。若以網站來比喻，Unity等遊戲引擎相當於WordPress，「Maya」與「Blender」等建模工具則近似於Photoshop或影片編輯軟體。

說到這類建模工具為何如此重要，**是因為一旦正式展開元宇宙，不光是動作，連素材的好壞也會變得舉足輕重。比方說，即便是2D的電商網站，「暢銷與否」有時是取決於照片的好壞**。旅館的預約網站亦是如此，受歡迎程度有時也會因為上傳的照片具備多大魅力而有所不同。 就跟Instagram用戶爭相上傳美好的照片一樣，元宇宙創作者使用3D軟體創建出多麼有魅力的空間也會成為評價的對象。

已經開始有人頂著虛擬建築家的頭銜來發表作品。說起來，提供「Maya」的歐特克 （Autodesk）正是提供CAD與BIM這類廣泛用於製造業與建築業的設計軟體的公司。在現實產業中從事設計的人才今後應該也會投身元宇宙行業。

用以打造在遊戲上活動之3D物體的工具（Maya、Blender）

所謂的3D建模，指的是使用軟體來打造3次元的物體，創建出3D模型。以歐特克公司的Maya與可免費使用的開源軟體Blender等較為著名。

構思、計劃	虛構角色的設計與畫面的準備
建模	利用3次元繪圖創建立體物
素材的設定	設定素材與材質等
層次結構	建模後，設定活動物體的機制
變形	設定虛構角色的表情等
物理演算	創建接合處與剛體

↓

因應目的施以動畫等處理

根據參考連結編製而成（https://www.alta.co.jp/blog/post-1765/）

可免費使用的開源軟體Blender的下載頁面

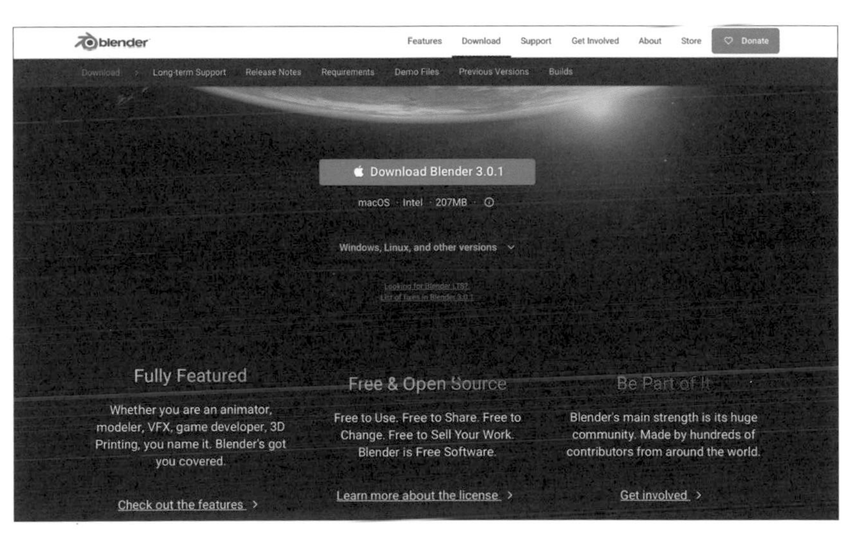

建模工具「Blender」
https://www.blender.org/download/

GPU的進化成了3DCG繪圖的後盾

元宇宙市場中最被看好的明日之星？

GPU是Graphics Processing Unit的縮寫，指的是進行3D繪圖等圖形處理時必備的半導體晶片。

一般較為人所知的是CPU，不過CPU適合「順暢處理複雜的工作」，卻不適合「同時並行處理固定的工作」，比如顯示如3DGG般無數個點的集合。**如果說CPU是「廠長」，即負責發出產品製造指示的指揮官，那麼GPU就是孜孜不倦製造產品的專業師傅所聚集的「工廠」吧。**

因此，3DCG的品質取決於GPU的性能與數量。把《要塞英雄》玩到專精程度的人如果沒有一台強化GPU的電競電腦，就會來不及進行繪圖運算而贏不了。「PlayStation」之所以愈來愈大型化，就是為了可以持續執行這種高負荷的處理。

另一方面，「Quest2」等獨立式的VR設備必須將這些全部納入終端設備內，因此現階段還很難處理如PS5或電競電腦般的繪圖量。

GPU是由「NVIDIA」與「AMD」等公司所製造。進入元宇宙時代後，GPU的作用愈來愈重要，還被活用於AI的處理與加密資產的挖礦等用途，因此一般都說元宇宙市場中最被看好的明日之星或許是像NVIDIA與AMD這類晶片製造商。

CPU與GPU的任務

所謂的GPU，是「Graphics Processing Unit」的縮寫，指的是半導體晶片（處理器），負責執行在進行3D繪圖等圖形處理時所需要的計算處理。

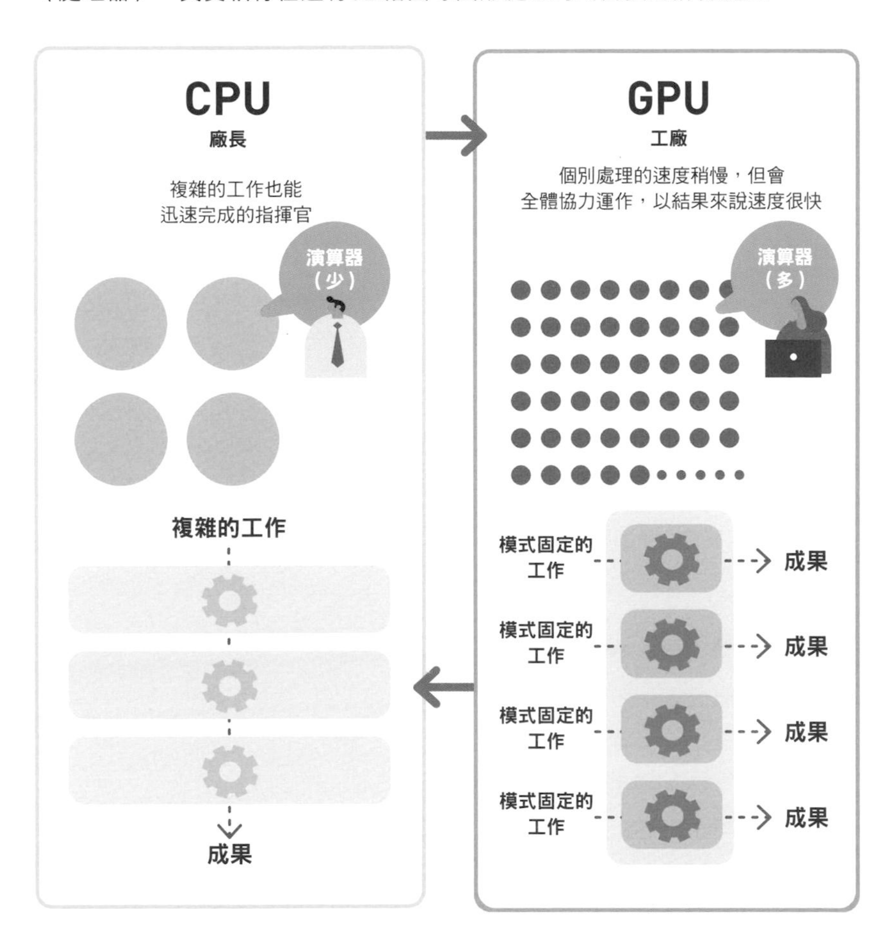

	CPU	GPU
主要的任務	整台電腦的計算處理	圖形處理所需的計算處理
擅長的計算處理	OS、I/O、GPU控制等連續性的計算處理	3D繪圖的圖形處理、科學技術計算等並列式的計算處理

AI技術隱含降低 3DCG製作成本的可能性

AI與元宇宙的相容性意外良好

3DCG的製作隨著「Blender」之類的免費工具出現而變得普及，不過實際製作起來耗時又費力，換言之，人事上的成本高昂。雖然也可以使用資源（CG的車或人等可廣泛運用的素材），但數量上還不夠充足。用以解決「該如何增加素材資源」之課題的AI技術如今備受關注。

加利福尼亞大學柏克萊分校正在研究的「NeRF」技術便是試圖**「從2D圖像來創建3D圖像」**。比方說，如果想要創建爵士鼓的3DCG，會由AI自動裁剪出從各種角度拍攝的爵士鼓圖像，再透過機器學習來補足沒有圖像的部分，逐步創建出3DCG。然而，這種作法存在著數據會變得過於臃腫的難題，可說是仍在開發精進中。

日本一家名為SpaceData的公司正致力於一項**「利用AI技術從衛星數據中自動創建出城鎮」**的專案。在此之前，若要創建出如數位孿生般的虛擬城鎮，就必須個別取得數據並進行建模，不過該專案的獨到之處在於可從衛星照片中自動生成。

然而，該如何將這些城鎮打造得「朝氣蓬勃」，則是唯有人類才辦得到的領域。單純的作業將逐漸被AI所取代，而人們往後應該會漸漸聚焦於「何謂真正的創意？」這個課題。

利用備受矚目的AI技術來進行3DCG的製作

所謂的「NeRF（Neural Radiance Fields）」，是一門可從多角度拍攝而成的多張照片中生成任意視角之圖像的技術。可利用透過深度學習等所生成的圖像，從任意視角來確認目標物。

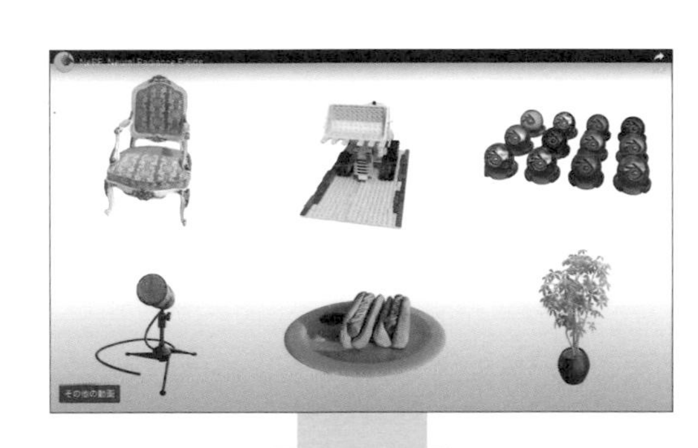

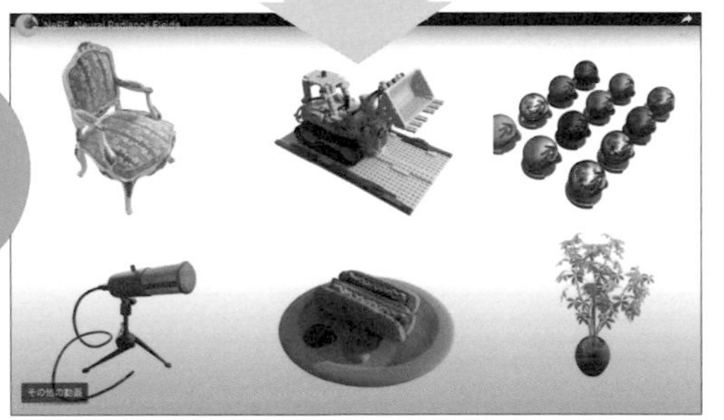

來源：NeRF: Neural Radiance Fields
（https://www.youtube.com/watch?v=JuH79E8rdKc）

**株式會社SpaceData開發出一種可活用衛星數據與3DCG
在虛擬空間中自動生成世界的AI，
並實際運作而自動生成出美國的紐約市。**

AI從衛星數據中自動生成出的虛擬紐約的影像
（資料取自 https://www.youtube.com/watch?v=4hyaY_K0F-s&t=19s）

元宇宙時代的高速傳輸皆仰賴5G技術

與通訊速度成正比，內容的品質也有所進化

為了迎接正式元宇宙時代的到來，通訊技術必須比現在更進步。這是因為**高解析度的3DCG的數據量十分龐大**。一般認定5G（第5代行動通訊系統）等新世代通訊技術有望解決這個難題。

回顧過去，內容的品質一直以來都與設備及通訊技術的進化成正比。比方說，在掀蓋式手機的時代，要上傳1張圖像都得竭盡全力，但是智慧型手機正式普及的2010年左右，恰逢4GLTE開始正式普及之時，所以要上傳幾張圖像都很輕鬆，還可在電車中觀看YouTube或Netflix等的影片。5G一旦普及，想必在任何地方都能夠輕鬆獲得更豐富的虛擬體驗。

不僅如此，在接下來的時代還有望能實現所謂的「雲端算圖（cloud rendering）」技術。如今SaaS等雲端服務正蓬勃發展，但是**目前的現狀是，在元宇宙中，即時的圖形處理會直接關係到用戶體驗的品質，憑藉目前的通訊速度並無法即時完成雲端這方的處理**。比方說，即便戴著VR眼鏡朝向右側，直到虛擬分身實際轉向右側為止會產生時間差。光是慢1秒鐘都會導致人的大腦出現「VR動暈症」，所以目前會在終端設備進行圖像處理以預防這種狀況。

反之，倘若通訊速度飛躍性地加速，VR眼鏡的尺寸很有可能會縮減至太陽眼鏡的大小。通訊的進化對設備的小型輕量化也很重要。

往5G進化的高速傳輸（含雲端算圖在內）

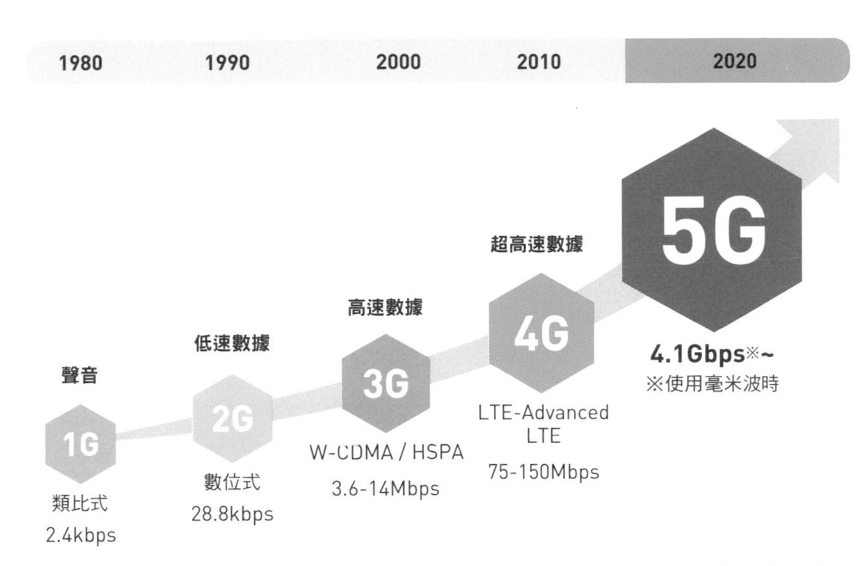

根據「DOCOMO的5G研究開發」（https://www.docomo.ne.jp/corporate/technology/rd/tech/5g/）編製而成

所謂的雲端算圖是一種機制，會根據終端設備所送來的資訊，在雲端這方進行3DCG的圖形處理，再將其結果以影像的形式發送至用戶那方的終端設備。影像的數據檔案很大，所以需要高速傳輸以避免延遲。在遊戲領域中，也有一些雲端遊戲已經商業化。

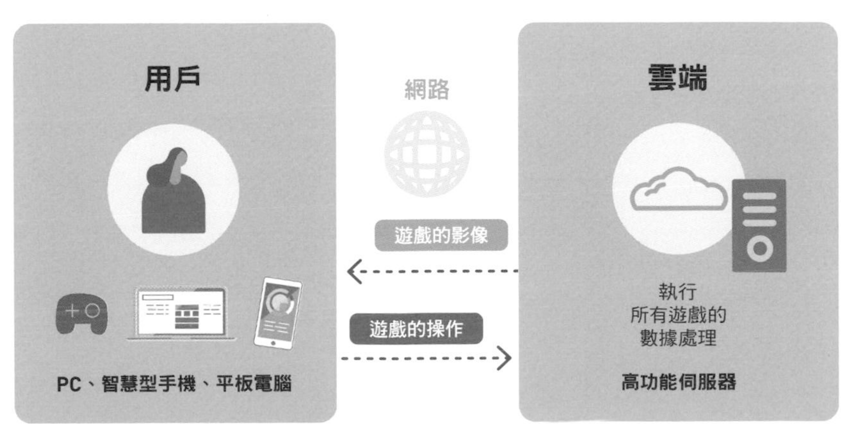

根據《軟體銀行新聞》2019年10月18日的報導編製而成
（https://www.softbank.jp/sbnews/entry/20191018_01）

區塊鏈與元宇宙之間的密切關係

對實現自由且開放的世界而言至關重要的技術

所謂的區塊鏈，是一門透過加密技術將「交易紀錄」如一條鎖鏈般串聯起來，試圖維持正確交易紀錄的技術。到目前為止，網站上的內容都是在伺服器上集中管理並監控是否有違規行為，然而，伺服器存在著被非法入侵的風險。**只要使用區塊鏈，相關人員便會持有彼此的資訊，所以數據難以被竄改或外洩。假如有人試圖竄改，會使前後區塊的資訊無法整合，結果導致所有區塊的資訊都必須改寫。**那將會是超級電腦層級的計算量，所以實際上是不可能的——此即區塊鏈的邏輯。

如果是由企業等所管理的封閉式元宇宙，就不需要這種區塊鏈。然而，若志在實現一個沒有管理者的開放式元宇宙，區塊鏈的技術及其一部分的NFT的技術則有其必要。這是因為，為了將在元宇宙中購買的物品或虛擬分身的權利歸屬於個人，區塊鏈技術這種保證公開透明的非中央集權型（去中心化）機制是有效的。

此外，個人資訊一直以來都過度集中於GAFA（Google、Apple、Facebook、Amazon）等科技企業，所以也有人認為不妨將其分散開來。進入元宇宙的時代後，生活的基礎很有可能更進一步匯集於元宇宙中，因此也有人認為由特定企業或團體來管理這些資訊的世界帶有反烏托邦（暗黑世界）色彩。

區塊鏈與元宇宙在技術上的連結

所謂的區塊鏈，是一門透過加密技術將過去以來的交易紀錄如一條鎖鏈般串聯起來，試圖維持正確交易紀錄的技術，又被稱作分散式帳本。

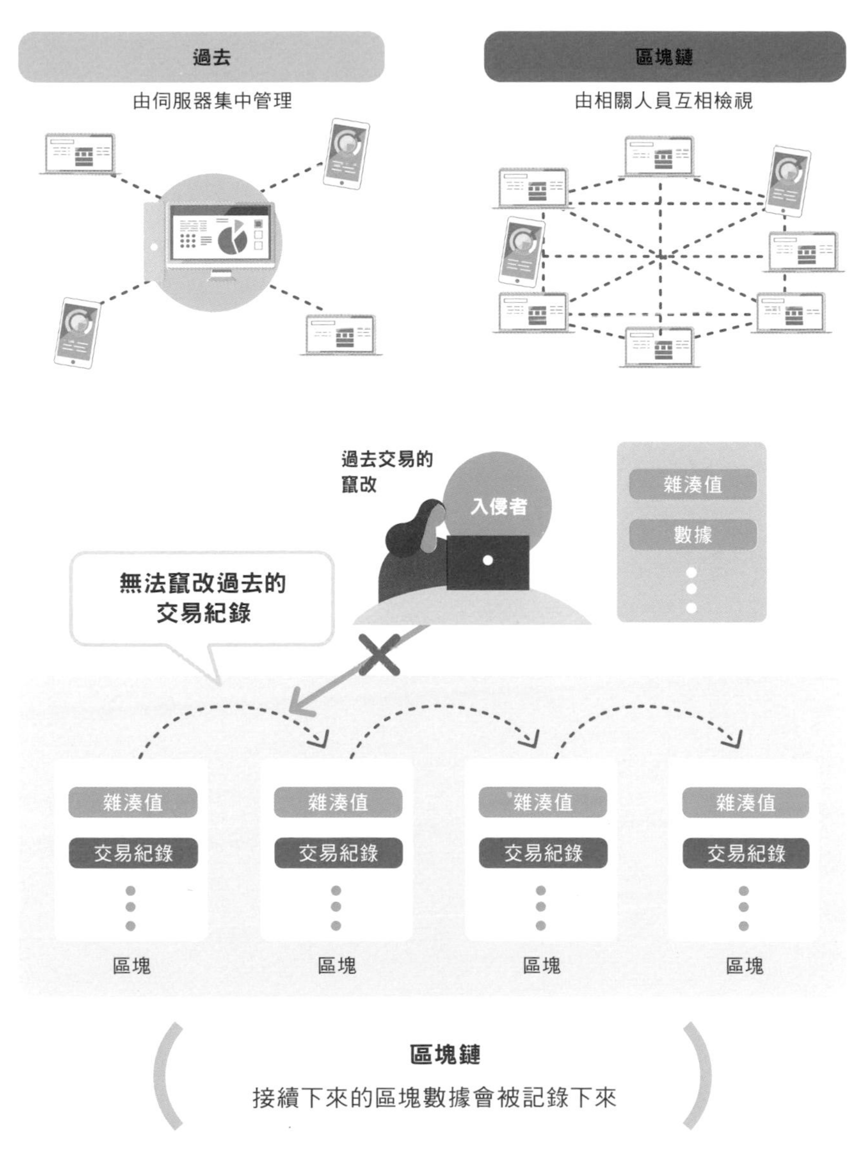

根據「ICT Business Online」
（https://www.ntt.com/bizon/glossary/j-h/block-chain.html）編製而成

元宇宙應該具備的互用性與獨立的經濟圈

需要一套共同的通訊協定與全新概念來實現

若要實現開放式元宇宙所帶來的自由經濟圈，具體來說需要些什麼？首先，**必須有一套「共同的通訊協定」，允許用戶自由地來往於多個平台之間，且在任何地方都能使用同一個虛擬分身**。這和現在在任何網站上都能開啟PING或JPEG的檔案是一樣的概念。

另一點則是針對創作者與用戶的利益分配。如果是不依賴特定平台的開放式元宇宙，從中衍生出的價值與利益必須直接回饋給創作者或用戶。比方說，我們在Twitter或Instagram上發文的行為，對於這些服務的興起是有所貢獻的，所以從中所獲得的利益也應該與發文者分享，然而只有平台的營運企業及其股東才能分得收益上的好處。

近年來逐漸興起的Web3與代幣經濟等思維則認為應當打破這樣的現狀。**所謂的Web3，是指以上一章節提及的區塊鏈技術為基礎所形成的分散式網路。代幣則是可在網際網路上交易的加密資產之一，可作為在特定服務內使用的法定貨幣來發揮作用。**

讓創作者或用戶持有這些代幣，即可更廣泛地分配在服務內所產生的利益。如此一來，在Web3的時代，擁有以這類代幣為基礎的獨立經濟圈的服務應該會大幅成長。

從Web 1.0到Web3.0的進化過程

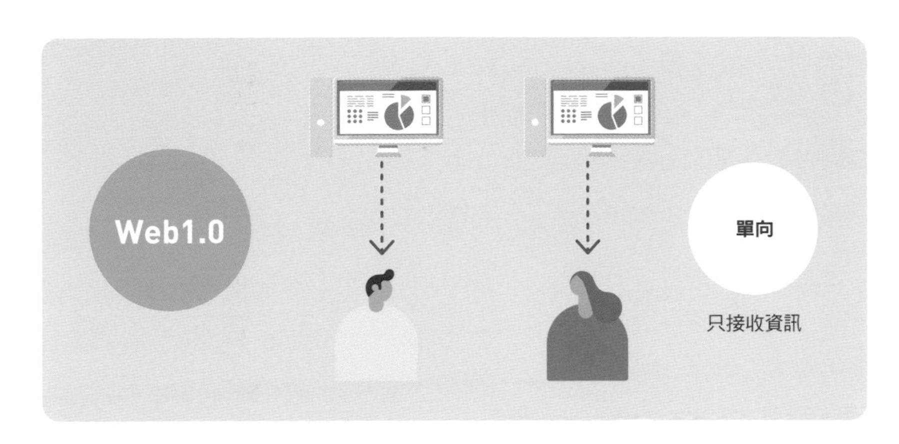

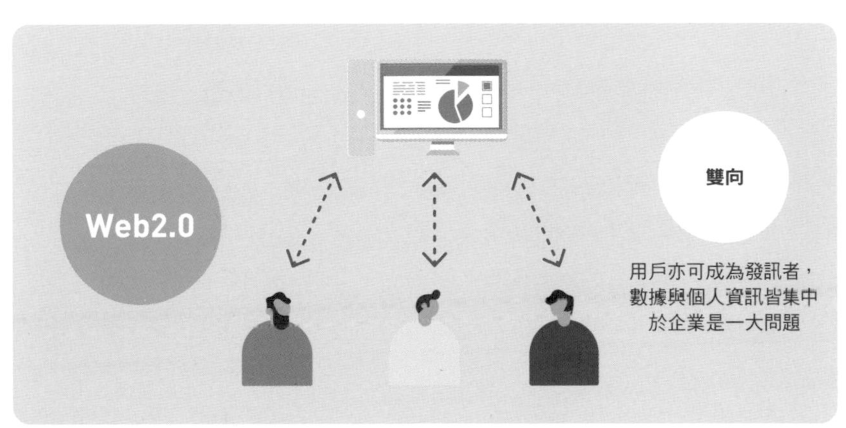

活用「NFT（非同質化代幣）」的商業交易

從交易紀錄來證明「價值上的差異」

NFT是Non Fungible Token的縮寫。Non Fungible的意思是「不可替代之物」。

比方說，假設有一枚500圓硬幣，這枚硬幣無論屬於誰，價值都是一樣的，但是某個人的公演售票與其他人的公演售票在日期或座位上會有所不同，所以不能說完全等價。此外，普通的棒球選手與明星選手簽名球的價值明顯不同。NFT的技術則可明確證明這種「價值上的差異」。

然而，NFT無法證明這些東西是「獨一無二」的。比方說，如果有一顆和明星選手簽名球一模一樣的贗品，要分辨其真偽並不容易。

那麼，NFT可以證明什麼呢？答案是**「交易紀錄」**。如果是畫作，便可證明「1900年以畢卡索作品之姿發表的畫作曾在這家美術館展出，如今則已送至日本」，所以幾乎等同於「真品」。

NFT的另一個特色在於**「擁有著作權的企業或藝術家較容易獲得合理的回報」**。在此之前，作品即便經過轉賣，創作者也無從得知，但如果是NFT，則可追溯交易紀錄，所以連二次流通的利益都能輕鬆回饋給創作者。

在元宇宙中也可以透過NFT的使用，以「限量販售100個虛擬分身」之類的方式來增添價值。更有甚者，如果連「將數位名牌包賣掉並將加密資產兌換成現金」這種事都辦得到，實現一個足以影響現實世界的強大虛擬經濟圈指日可待。

何謂「NFT（非同質化代幣）」？

透過NFT的活用，即可讓虛擬分身、物品與土地的交易紀錄或所有者更為明確。如此一來會更容易實現元宇宙中數位物品的商業交易。

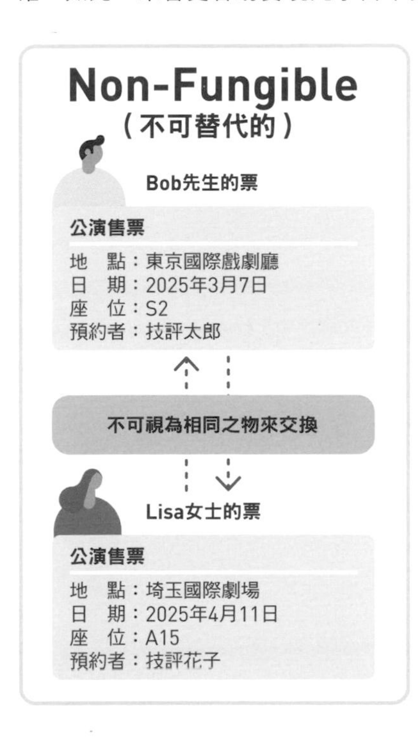

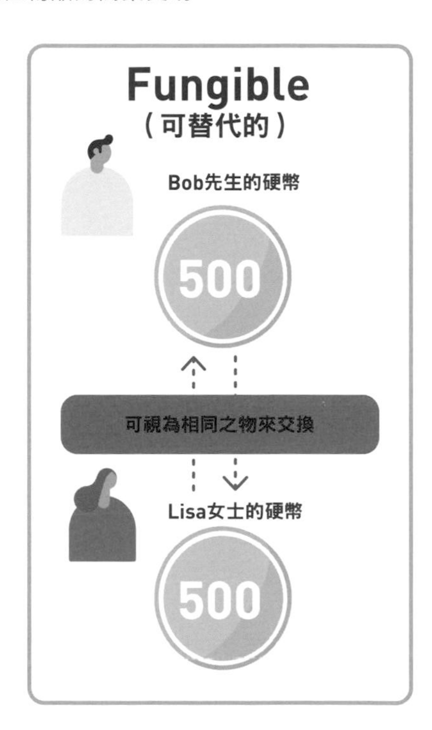

NFT的機制

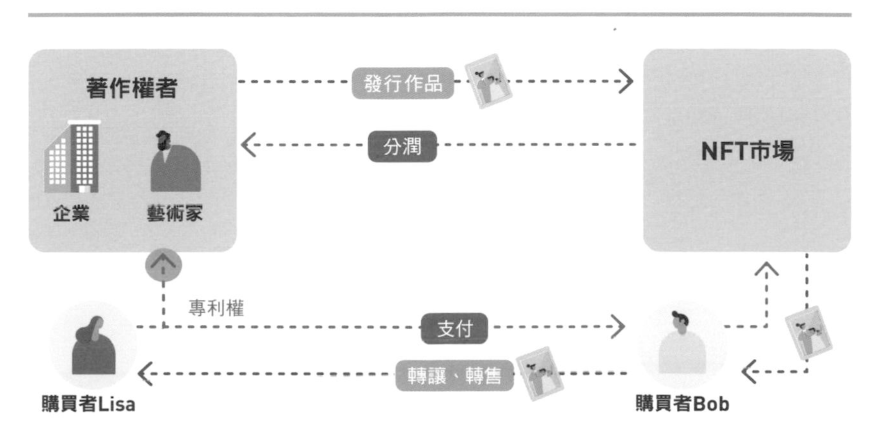

Column

元宇宙的「代幣」等同於法定貨幣？

代幣（token）直譯即為「記號」、「象徵」之意。以元宇宙的發展脈絡來說，大多情況下是指在以太坊等既有的區塊鏈上新發行的加密資產。除了比特幣與以太坊以外，還有數十種加密資產，幾乎全都可以視為代幣。

真實世界中的主流貨幣是美元，不過有多少國家就存在著多少種貨幣。同樣地，在元宇宙中，有多少元宇宙的服務或平台，應該就會出現多少種代幣。如此一來，還會衍生出「匯兌行情」之類的概念。

比方說，只要持有《Decentraland》發行的代幣，就可以在《Decentraland》上購買物品或土地。如果《Decentraland》的人氣上漲，許多用戶或投資者都買了代幣，代幣本身的價值就會提升，進而連以該代幣購買的土地都會相對漲價。

當然，大受歡迎的元宇宙與乏人問津的元宇宙，在代幣、土地與物品的價值上會出現落差。如果今後元宇宙相關工作的薪資等也可以用代幣支付，收到較強勢的元宇宙的代幣會更有利。這和在現實社會中經濟上較強勢的美國法定貨幣美元普遍為全球經商所用是一樣的道理。

換言之，創建一個伴隨著以代幣為基礎的經濟圈（代幣經濟）的元宇宙，幾乎等同於創建一個「國家」。因此，也有必要同時建立一套能在其中運作的經濟系統。

Part 5

元宇宙改變了商業型態

各行業中的現實×虛擬

從盈利模式角度看元宇宙①〈課金模式／廣告模式〉

反而愈來愈接近現實的廣告看板？

網路商業的貨幣化大致分為4類，即①**課金模式**、②**廣告模式**、③**仲介模式**、④**電商模式**，一般認為今後元宇宙也會依循類似的形式發展下去。

第一種的「課金模式」是指要求用戶針對企業所提供的某項服務支付費用作為回報。遊戲可說是最容易理解的例子。「Netflix」亦是一例，Tabelog（日本的美食評鑑網站）的付費會員等也是這種模式。以元宇宙來說，在《要塞英雄》上購買造型（用以改變虛構角色外表的物品）也是較具代表性的課金模式。今後應該還會多方擴展至演唱會等娛樂類的內容。

第二種是「廣告模式」，即向使用該內容的人顯示廣告，再根據點擊次數等向投放廣告的企業收取費用。這種廣告模式在如今的網際網路上蔚為主流，在元宇宙空間中也具有莫大潛力。

不過廣告的型態已有所變化，原則上往後應該都會轉換成3D。比方說，日本電信公司DOCOMO買斷了名為「Virtual Market」的元宇宙空間，使整個版面猶如現實世界的廣告看板。像這樣在人們（＝虛擬分身）常看到的地方刊登3DCG廣告的形式應該會愈來愈普遍。

另一種全新的做法則是服飾類的公司在元宇宙中創建自家公司的世界。這可說是元宇宙特有的廣告模式。

從課金模式與廣告模式角度來看元宇宙

課金模式在遊戲型平台蔚為主流，而廣告模式今後在SNS型平台上很有可能大幅成長。下一頁將介紹的仲介模式以《機器磚塊》的案例較具代表性，電商模式則尚未出現代表性案例。

課金模式

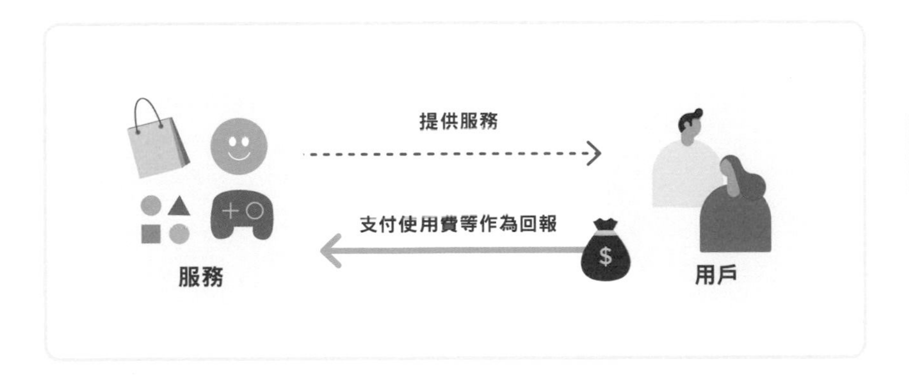

廣告模式

從盈利模式角度看元宇宙②〈仲介模式／電商模式等〉

只要有需求方與供應方，即可進行媒合

「仲介模式」又稱為平台商業模式或媒合模式。日本以二手商品網路平台聞名的「Mercari」便是網際網路上的代表性案例，因為是讓「賣家」與「買家」在名為Mercari的平台上進行媒合。

元宇宙中較具代表性的案例則是《機器磚塊》。這是因為**《機器磚塊》本身並不開發遊戲，而是採取將製作遊戲的創作者與玩遊戲的用戶連結起來的形式**。

想必今後還會針對「希望有人協助在元宇宙空間中打造某些建築物的人」與「有能力打造的人」來進行媒合。只要有需求方與供應方，仲介模式就能成立。

「電商模式」則是像Amazon或樂天般直接販售東西的模式。嚴格來說，電商模式又有直售型與平台型之分，若粗略地分類，「在網路上買賣實體物品」皆可稱為電商模式。

在電商模式這種「在元宇宙中販售實體物品」的形式中，現階段尚無與數位物品買賣相關的代表性案例。雖然有部分產品使用AR將家具投映在實體房間使其可視化，但不像Amazon或樂天在網路黎明期登場時那般具有存在感。

NFT等的互動在分類上較傷腦筋，畢竟如果從遊戲產品來說，屬於課金模式，但若以物品二次流通的觀點來看，亦可說是仲介模式。這方面的界線應該會隨著元宇宙的正式發展而愈來愈明確。

從仲介模式與電商模式的角度來看元宇宙

仲介模式

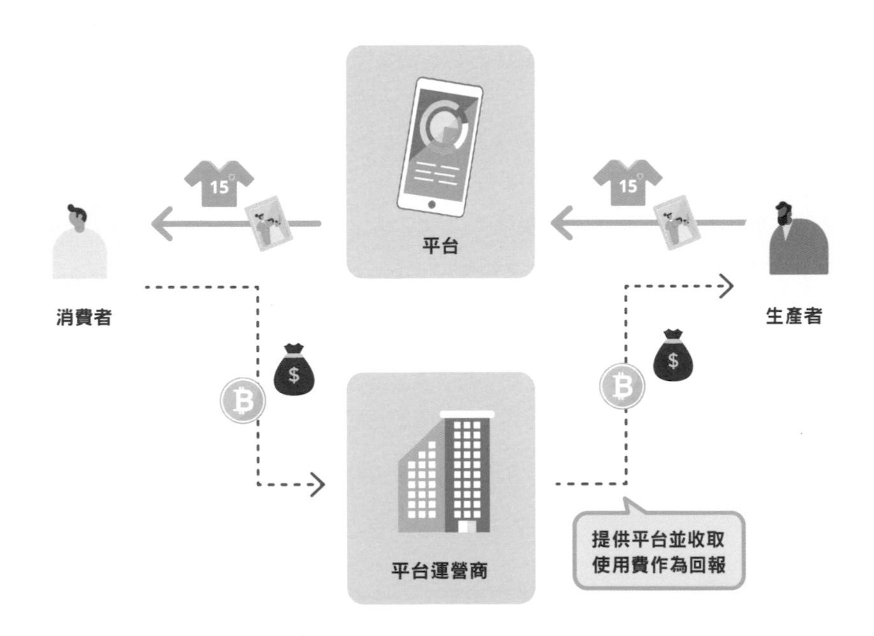

電商模式

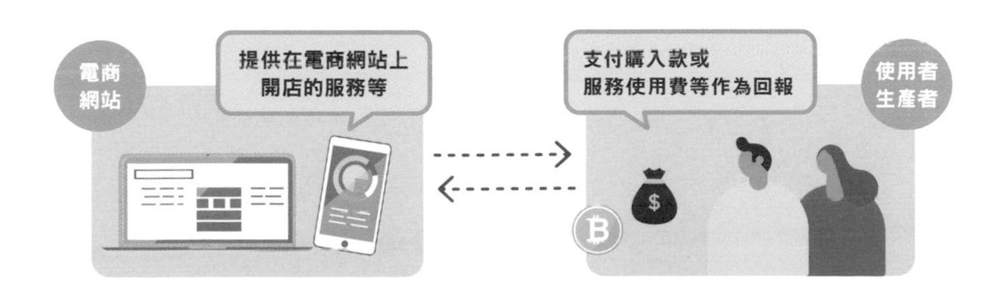

遊戲產業是元宇宙最早滲透的行業

關注大型企業所採取的IP對策與跨足新領域的趨勢

遊戲產業不乏與元宇宙相關的話題，大型科技企業收購遊戲公司等舉措也接連不斷。最近一次傳出的消息是，微軟於2022年以8兆日圓的規模收購了著名的遊戲公司。還有一則新聞指出，Sony將以4100億日圓左右收購另一家遊戲公司。報導也都指稱：「這是一場著眼於未來元宇宙市場的勢力範圍之爭」。

所謂的勢力範圍之爭，換個說法就是「爭奪擁有用戶的IP」。IP是指Intellectual Property＝「智慧財產權」，總而言之就是「擁有愛好者的作品」。**擁有核心愛好者的遊戲如果能將其世界觀原封不動移植到元宇宙上，用戶很有可能也會隨之而來，所以是人人都夢寐以求的內容。**

任天堂擁有《瑪利歐》與《薩爾達》等強大的IP，但現階段尚未在名面上提到元宇宙一詞。另一方面，史克威爾艾尼克斯（SQUARE ENIX）斯擁有《勇者鬥惡龍》與《最終幻想》，其總經理則已公開表示「將傾注全力於元宇宙」。可見大型遊戲公司的應對之策也有所分歧。

有別於這類「從以前就實力堅強的遊戲公司跨足元宇宙」的趨勢，另一股「新興參賽者紛紛加入元宇宙」的趨勢已然成形。當初智慧型手機這種新裝置出現時亦是如此，那些搶先對智慧型手機遊戲採取因應之策的新興企業在業績上都有所成長。以新興參賽者的角度來說，應該是看出元宇宙仍存在無限商機。

遊戲產業是元宇宙最早滲透的行業

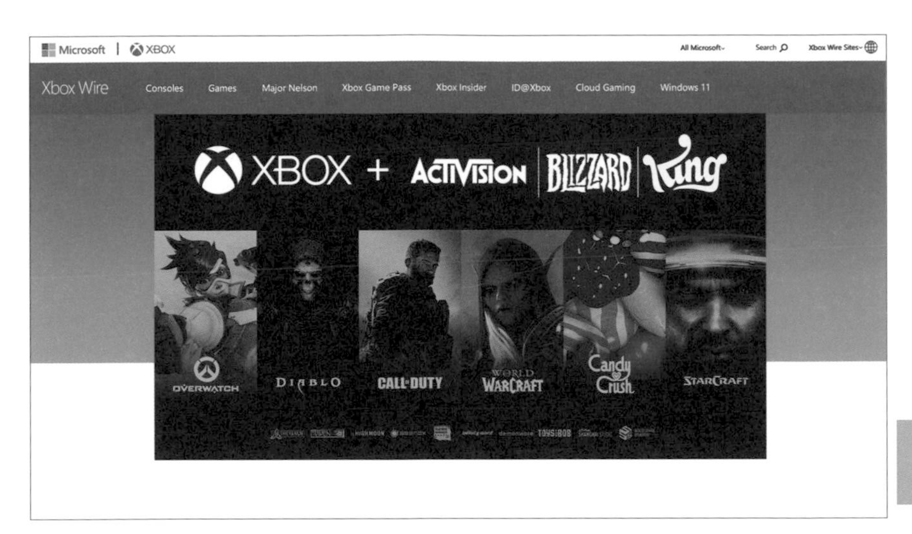

微軟收購了大型遊戲公司動視暴雪
https://news.xbox.com/en-us/2022/01/18/welcoming-activision-blizzard-to-microsoft-gaming/

著眼於元宇宙市場並推動併購案的大型科技公司

正持續發生大型科技公司併購遊戲公司的狀況。

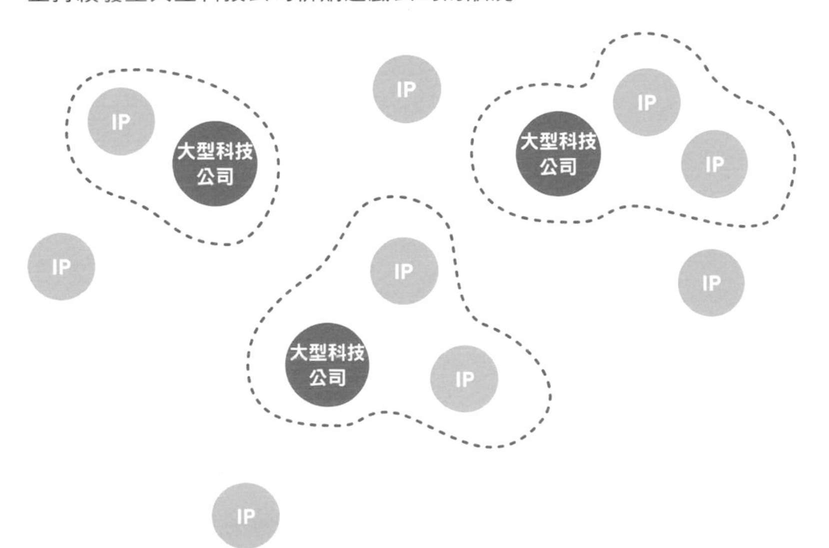

音樂產業因虛擬演唱會而出現變化，已有重量級藝人的案例

無論是臨場感還是演出層面皆可細細感受到全新的體驗

音樂產業中最著名的案例當屬《要塞英雄》。不光是西洋音樂，連日本的米津玄師都曾在《要塞英雄》中辦過演唱會。此外，日本也出現一個側重於虛擬演唱會的平台：「VARK」。想必今後還會陸續推出這類「可在元宇宙上舉辦音樂演唱會的服務」。

這種演唱會與2D直播的差別在於，直播是「單純觀看相機所拍攝出的影像」，而**元宇宙上的演唱會最大的特色在於「自己進入該空間之中」**。在《要塞英雄》的演唱會中，用戶可以進入演唱會空間，從喜歡的角度來欣賞演唱會或與其他人一起跳舞等，故可細細感受到近似「與朋友一起去參加音樂節」的臨場感與團結意識。

《要塞英雄》在演出方面的自由度也相當高，比如藝人會突然巨大化、舞台忽然變成外太空，如果是以海洋為主題的歌曲則會潛入海中等。就這層意義來說，也稱得上是全新的演唱會體驗呢。

正如昔日MV（音樂錄影帶）普及之時，出現了MV專業導演這樣的職業，感覺未來總有一天也會孕育出元宇宙演唱會導演這樣的職業類別。

然而，雖然在3D空間中表演的自由度極高，但在技術層面的要求也相對地多，所以應該會由擅長處理3DCG且技術能力強大的一群創作者來負責這樣的領域。很有可能超越音樂產業的框架，吸引各式各樣的人才匯集。

音樂產業因虛擬演唱會而出現變化，已有重量級藝人的案例

除了在《要塞英雄》等遊戲中舉辦知名藝人演唱會的實際成果日益增加外，還出現像VARK這類側重於虛擬演唱會的服務。

側重於虛擬演唱會的平台「VARK」的畫面
https://vark.co.jp/

在元宇宙上享受的直播

一直以來的直播都是單純「觀看」螢幕另一頭的演出，而元宇宙的演唱會有個最大的優點是「可參與其中」。

隔著螢幕觀看

加入虛擬空間

娛樂產業活用IP的全新可能性備受期待

讓人氣虛構角色活躍其中的VR電影

所謂的IP是指智慧財產權，不過娛樂產業已經開始在元宇宙中摸索虛構角色的全新活用方式。

放眼全球，又以揚言要「打造獨特迪士尼元宇宙」的迪士尼最受矚目。日本除了三麗鷗公司所推出的「SANRIO Virtual Fes」方案外，萬代南夢宮娛樂也公開表示打算開發《鋼彈》等「各種IP的元宇宙」。

「只是創建一個空間然後空等，也不會有人願意來訪」，這是元宇宙的宿命。可以訪問的應用程式還不夠普遍，所以必須創造出可賦予強烈動機的內容，讓人產生「就算要特地下載新的應用程式也想去看看」的念頭。

如此想來，**人氣虛構角色通常會擁有一批死忠的愛好者，所以應該會想特地去見一面**。元宇宙版本的迪士尼樂園完成後，應該有不少人會想去一次看看吧？

此外，影像作品的表現方式應該也會發生變化。目前已出現VR電影，讓觀眾可以細細感受進入作品世界之中的感覺。以這類VR電影來說，擁有像《哈利波特》或《駭客任務》般粉絲無數的IP，應該比較能夠增添渴望進入該世界的動機。

然而，長時間的VR影像在製作預算上相當龐大，所以配合2D劇場版的上映來特別發行電影短片，這樣的做法應該會先普及。

讓人氣虛構角色活躍其中的虛擬世界

迪士尼發布了一項方針，表示將推出「更緊密結合現實世界與數位世界的獨特迪士尼元宇宙」。日本的三麗鷗等也開始致力於元宇宙的活用。

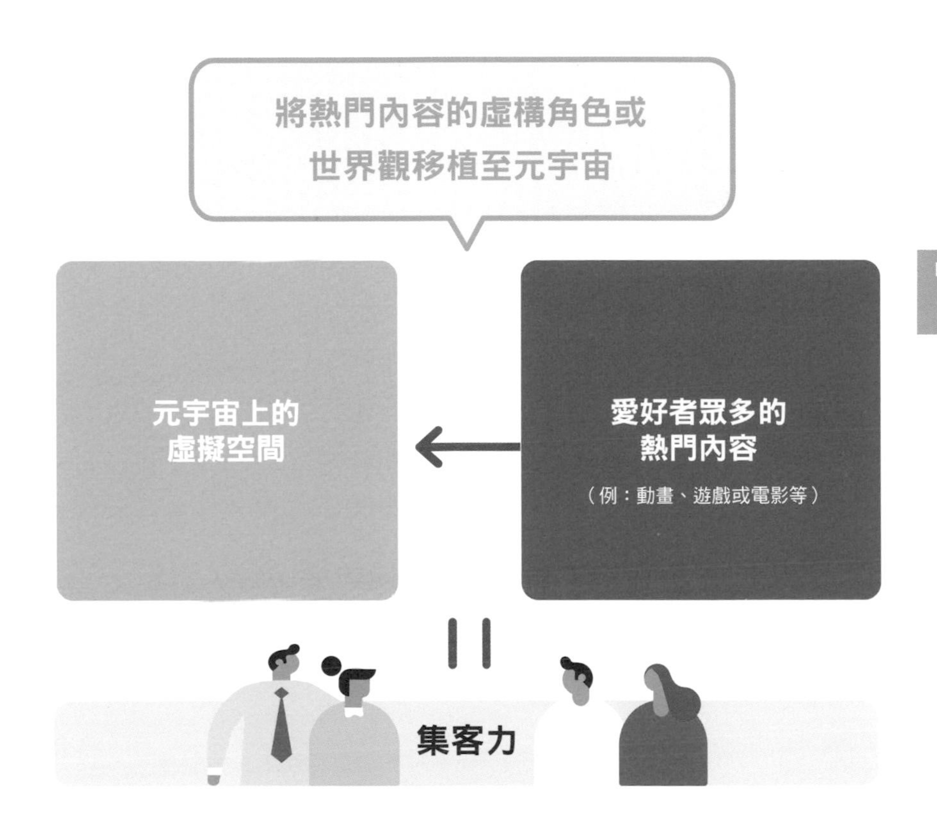

就算必須費些功夫
或花些成本進入元宇宙
還是想要看，這種愛好者
難以動搖的集客力值得期待

服飾產業在虛擬分身時尚的活用上十分積極

超越現實與虛擬隔閡的裝束及其享受方式

服飾產業在元宇宙的活用上相當積極，比如耐吉在《機器磚塊》上創建了名為「NIKELAND」的空間，還收購了活用NFT的虛擬運動鞋製造商「RTFKT」等。日本則以碧慕絲（BEAMS）較為積極。

《要塞英雄》與時尚品牌巴黎世家的聯名合作成為矚目焦點。《要塞英雄》上有巴黎世家的服飾可供虛擬分身穿戴，而在巴黎世家的實體店面或電商網站上也能買到同款的服飾。

被耐吉收購的RTFKT還將虛擬中的鞋子打造成可實際穿上的鞋子，並寄送給用戶。該公司很早就著手嘗試連結虛擬與實體物品。

最近有愈來愈多Instagram用戶會上傳自己穿著虛擬服飾的圖像，這是時尚性更高的做法。總而言之，是以CG製成的服飾進行照片合成，使其看似真的穿上身。

服飾企業中的H＆M也展開「虛擬時尚」的方案，作為永續發展的一環。原因在於虛擬可以減少資源、成本與時間上的浪費，還可垃圾減量。只要元宇宙上的經濟活動日益增加，想必虛擬分身的時尚也會自然而然地成為關注焦點。

設計集團「RTFKT」以NFT為主軸，開創出一個全新的世界

NFT品牌「RTFKT」被耐吉收購而備受矚目，正持續開拓五花八門的商品而不僅限於運動鞋。

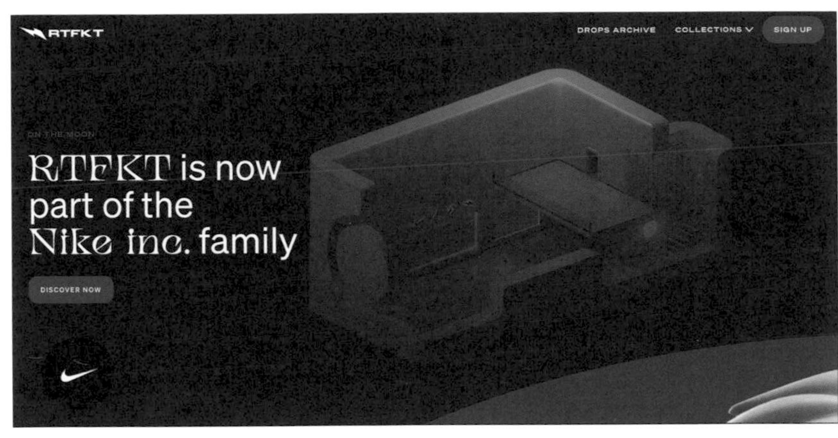

RTFKT登入首頁的畫面（https://rtfkt.com/）

實體銷售與虛擬銷售的融合

如今已展開超越次元的內容創造，比如在虛擬世界裡創造實體物品，或在現實生活裡製造虛擬世界中所設計的物品等。

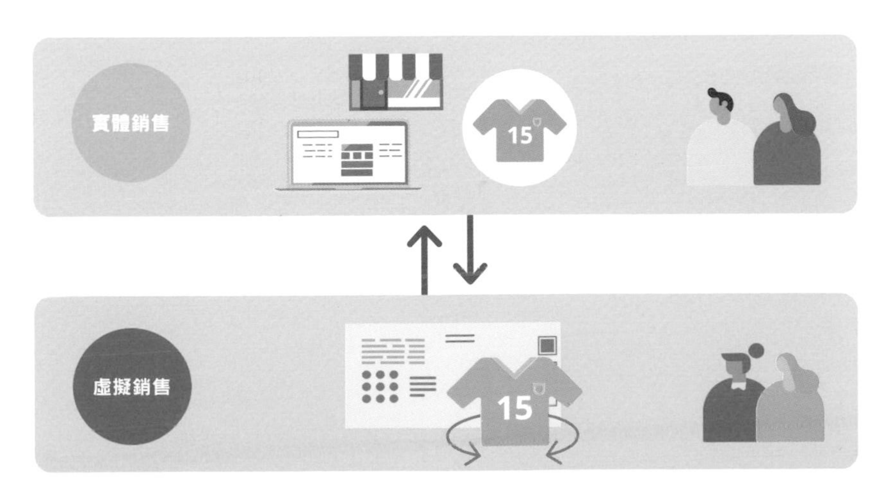

零售業正在摸索透過虛擬方式來完成的全新購物體驗

「素材的確認」與「順暢的支付」為待解的課題

「透過AR來觀看在屋裡擺設家具時尺寸是否合適」，這種服務已經成為零售業愈來愈常活用的方式。透過這類XR技術，就連較難在電商購買的大型家具都能輕鬆購置。

再者便是如展示廳般的運用方式。日本的三越伊勢丹在元宇宙上建構了名為「REV WORLDS」的虛擬伊勢丹新宿店，致力於讓顧客在虛擬空間中逛遍商店來探尋商品。

「擺脫單純的商品銷售」為其目的之一。**在既有的電商中接待顧客無法做到盡善盡美，但若是在元宇宙空間，則可對虛擬分身提供接近現實的面對面待客服務**。此外，可以多人進入同一個空間，故可邊逛邊問：「藍色與黑色哪一個好？」像這樣「與朋友一起購物」的享受方式也是可行的。承受來自電商競爭壓力的百貨商店或既有的零售店也可以在元宇宙空間中發揮其累積的待客訣竅。

「素材確認」與「順暢結帳」為待解的課題。在虛擬世界中無法確認素材的質感與穿起來的感覺等。這部分可說是能透過實際試穿來確認的實體店面仍保有的優勢。

結帳方面也是，目前仍須暫時轉移至電商網站，倘若能直接在元宇宙空間內完成支付，也能增添「購物感」。今後將會結合現實、電商與元宇宙這3大要素，如何創造最佳的UX（用戶體驗）也變得愈來愈重要。

零售業導入XR技術來摸索全新的購物體驗

目前已經開始推動活用AR功能來試穿、試用的方案，或是在虛擬空間中打造展示廳等。

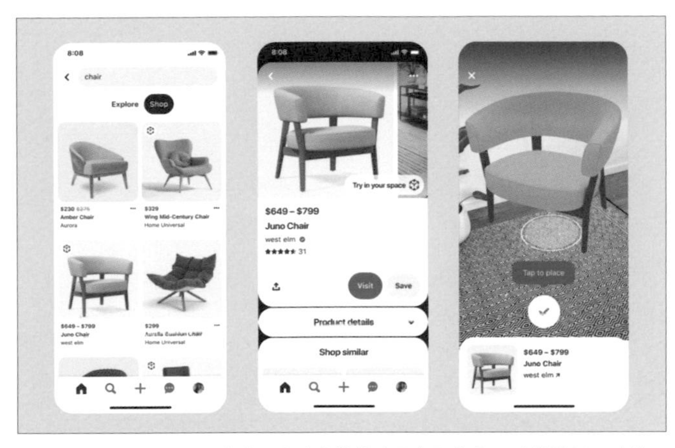

Pinterest已在美國導入化妝品與室內裝飾商品專用的「AR虛擬試用」功能

三越伊勢丹致力於發展元宇宙「REV WORLDS」

在REV WORLDS應用程式中逛遍「虛擬伊勢丹新宿店」。

資料取自「REV WORLDS」應用程式

不動產業持續推動虛擬城市的方案

將從「與現實的融合」發展至「營造虛擬世界中的社區」

不動產業的方案有好幾種模式，其中較具代表性的是「與現實都市連動的虛擬空間」。「虛擬澀谷」也是這種模式，「虛擬大阪」也已對外發布。通訊公司KDDI與不動產公司東急都很積極推行這類方案，並成立了「虛擬城市聯盟（Virtual City Consortium）」，試圖協商該如何讓實體不動產與虛擬不動產加以融合。

另一種模式則是「數位樣品屋」，這種應該比較容易想像。這裡要介紹的案例是「BRANZ文京本鄉」，即以3DCG來創建東急不動產的實體公寓樣品屋。

其特色是既可減少在實品屋或樣品屋帶看上所耗費的時間與功夫，又能比較房屋的日夜風景等，一些在實際參觀樣品屋時難以實現的體驗都能加以模擬。

此外，一家大型加密資產交易所「Coincheck」已宣布，「將在《沙盒》上展開都市開發」。創建虛擬的近未來都市，並在其中設置美術館與舞台等各式各樣的活動設施，作為藝人與粉絲交流或企業培育社區之所來活用。可說是一種「虛擬不動產業」。**在此之前，只有規模較大的不動產公司才有能力負責社區總體營造，如今任何人皆可涉足該領域，這也是元宇宙的魅力之一吧。**

該如何推動實體不動產與虛擬不動產的融合？

與現實都市連動的虛擬空間也日益增加。此外，也有愈來愈多企業開始打造數位樣品屋。

KDDI等企業成立了「虛擬城市聯盟」，目的在於制定準則好讓每個人都能安心並活用都市連動型的元宇宙等
http://shibuya5g.org/research/

數位樣品屋的方案

利用數位孿生建構數位樣品屋的過程（來自東急不動產新聞稿專用的資料）

建築業有望透過數位孿生提高生產力

將來會關係到與現實世界相連的元宇宙

如今已出現一股趨勢：活用數位孿生來進行社區總體營造或建築施工時的模擬。國外最著名的案例便是「虛擬新加坡（Virtual Singapore）」。日本則有靜岡縣以「VIRTUAL SHIZUOKA」之名積極地投入其中。

至於數位孿生的製作方式，以「VIRTUAL SHIZUOKA」來說，是先利用雷射或掃描技術取得「點陣」的數據。所謂的點陣，是指持有位置資訊的「點」的集合，利用雷射測量儀來掃描現實世界，即可將海底的深度與山脈的形狀等化為數據，使其可視化。靜岡的熱海過去曾發生土石流災害，只要有這種點陣數據，便可掌握「哪個地方是如何崩塌的」。該技術也被用來進行這類災害發生時的模擬。

最近也被運用在資通訊技術（ICT）活用工程中，即事先輸入地形資訊，以便實現高效率的施工。此外，日本國土交通省推出的「PLATEAU」平台還將都市的地形與建築物的3D數據作為開放數據加以公開，讓任何人皆可使用。

有鑑於數據容量等因素，這類數位孿生的方案現階段是先用於模擬用途，而非作為眾人聚集的交流場所。然而，**只要今後數據處理技術有所進化，奠基於數位孿生的「與現實世界相連的元宇宙空間」應該會逐漸擴展開來。**

靜岡縣推出的嘗試：「VIRTUAL SHIZUOKA」

目前正積極取得現實世界的數據來製作數位孿生。此外，還不斷出現在模擬用途上的活用案例。

介紹如何活用靜岡DOBO CLUB所公開的「VIRTUAL SHIZUOKA」（3次元點陣數據）等的影片（https://www.youtube.com/watch?v=dbRRwQje9Fo）

日本國土交通省推動的專案：「PLATEAU」

PLATEAU是由日本國土交通省所推動的專案，將3D都市模型加以整頓、活用並化為開放數據。目的在於透過開放數據讓任何人都能自由取用都市的數據並加以活用，藉此開創數位孿生等新的使用案例。

PLATEAU的官網（https://www.mlit.go.jp/plateau/）

觀光旅遊業志在達到現實與虛擬的加乘效應

活用來賦予動機，讓人更想走訪那些地方

新冠肺炎疫情導致全球跨國或跨區的移動受到限制，觀光旅遊業皆受到嚴重打擊。為了度過難關，元宇宙的活用近年來日漸普及。

「虛擬旅行」會讓人產生實地走訪了觀光地區的感受，以這種形式來說，日本一家沖繩遊戲製作公司Ashibi Company所推出的「虛擬OKINAWA」方案最為人所知。在元宇宙上重現國際通這類主要景點，並邀請人們來訪或舉辦活動等。此外，還在這個空間內重現了已燒毀的首里城。**「先在元宇宙中體驗，真的想去再實地走訪」，以此製造實地旅遊的動機。**

另一方面，以「提升實地走訪時的觀光體驗品質」這項目標來說，日本的新創企業「Psychic VR Lab」所經營的VR／AR平台「STYLY」備受關注。這是用來「在現實都市空間中展示虛擬內容」，並宣布將落實於東京、大阪與名古屋等6個都市。雖然並未側重於觀光，但是可以使用AR裝置來觀賞鯨魚作品漂浮在實體街道上的景色，或是像集點蓋章般走遍大街小巷來享受虛擬內容等，即可藉此更深入認識該城鎮。

這種現實與虛擬交織而成的觀光旅遊型態今後很有可能逐漸成為主流。

沖繩推出的元宇宙「虛擬OKINAWA」

除了在虛擬空間中遠距旅行外，還陸續推出一些專案，志在提升活用AR來體驗實地觀光時的品質。

「虛擬OKINAWA測試版」官網
（https://virtualokinawa.jp/）

在現實都市裡配置虛擬內容

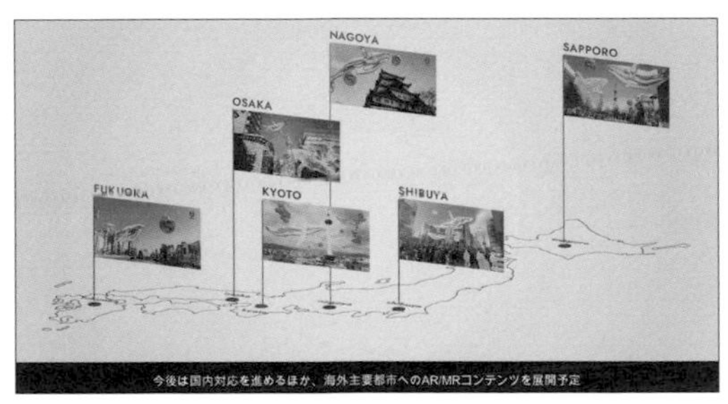

取自「STYLY」官網的服務概要示意圖
（https://styly.cc/ja/news/real-metaverse-platform-styly/
https://styly.cc/wp-content/uploads/2021/12/image1-2.png）

廣告媒體業將元宇宙視為品牌打造的新手法而備受矚目

可看出大企業想要掌握年輕人感受的意圖

廣告媒體業中有愈來愈多活用元宇宙作為觸及年輕族群的新手法或打造品牌的案例。

首先要舉的例子便是「2021年線上東京電玩展」。這是電通與日本新創企業「ambr」共同協辦的活動，將每年舉辦的東京電玩展的部分內容轉化為VR。其概念是**由各家遊戲製造公司在元宇宙內進駐攤位，讓用戶可以邊參觀邊看每家公司的新款遊戲資訊**。我也實際參加了該活動，其中也含括人氣動畫《進擊的巨人》的內容，我著實樂在其中。

日本公司「HIKKY」所推出的便是「Virtual Market」。其概念就好比在《VRChat》上舉辦聯合展覽之類的活動。服飾品牌碧慕絲與JR東日本（「虛擬秋葉原車站」）等無數知名企業皆擺攤參展也蔚為話題。就連DOCOMO都傾力買斷Virtual Market中所有街上的廣告版面等。

其背後的原因在於年輕族群的電視脫離潮。如今年輕人的時間都被《動森》或《要塞英雄》等遊戲占據了，往後會愈來愈難透過既有的廣告手法觸及到他們。這就是為什麼要從現在開始針對元宇宙展開廣告活動。媒體是最容易受到潮流變化所影響的產業之一，所以才會率先推動元宇宙的活用吧。

廣告媒體業以元宇宙作為打造品牌的新手法而備受關注

作為有機會觸及到年輕族群的新頻道，或是活用於品牌打造等，這類方案日益活躍。

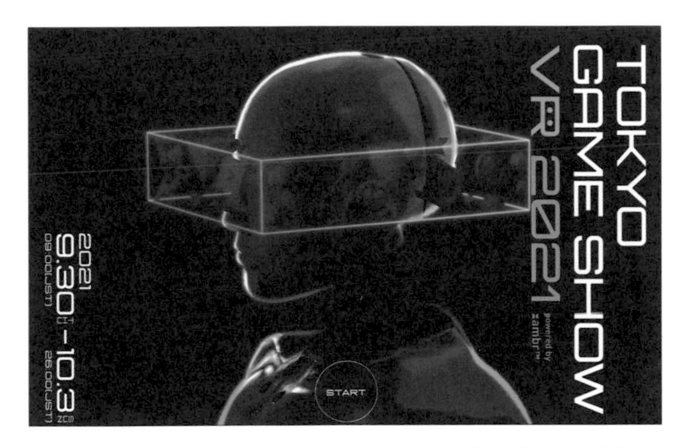

「TOKYO GAME SHOW VR 2021」採用了ambr所提供的元宇宙建構平台「xambr」（資料取自ambr的新聞稿）

規劃參與Virtual Market的展出

2021年12月所舉辦的「Virtual Market 2021」
（資料取自HIKKY的新聞稿）

IT與通訊產業志在實現革新通訊技術與內容的擴充

能否開創出為用戶所接受的服務至關重要

早在新冠肺炎疫情擴大之前，IT與通訊產業就朝著展開5G商業運用（2020年）的目標持續推動XR內容的開發。若要以「升級至5G即可體驗這樣的世界」來吸引消費者，需要的正是XR與虛擬的世界觀。

如今元宇宙開始普及，通訊產業已進一步展開積極的對策。日本以NTT DOCOMO與KDDI這類電信公司較為積極。尤其是KDDI，已經宣布將從2022年春季開始提供可說是au版元宇宙的「VIRTUAL CITY」。

軟體銀行也大約從2021年下半年開始積極投入這個領域。舉例來說，它在前幾頁也介紹過的《沙盒》這項服務上投資了100多億日圓。不僅如此，還對「ZEPETO」這項在亞洲擁有約2.5億名用戶的韓國服務投資了約170億日圓。

除了電信公司外，NTT旗下的NTT數據、富士通與NEC也都展開元宇宙領域的相關對策。

由此可見，元宇宙在通訊與IT產業已形成一大趨勢，感覺形勢近似不久前的「雲端」或最近的「DX」。另一方面，為了使其正式普及而非以一時的熱潮畫下句點，不光是供應商這方的意圖，能否開創出為用戶所接受的服務也至關重要。往後似乎可以從這點看出各家公司的真正實力。

KDDI著手打造的都市連動型元宇宙

通訊產業著眼於5G的普及並積極地做出應對之策。IT產業則逐漸成為全球趨勢的中心。

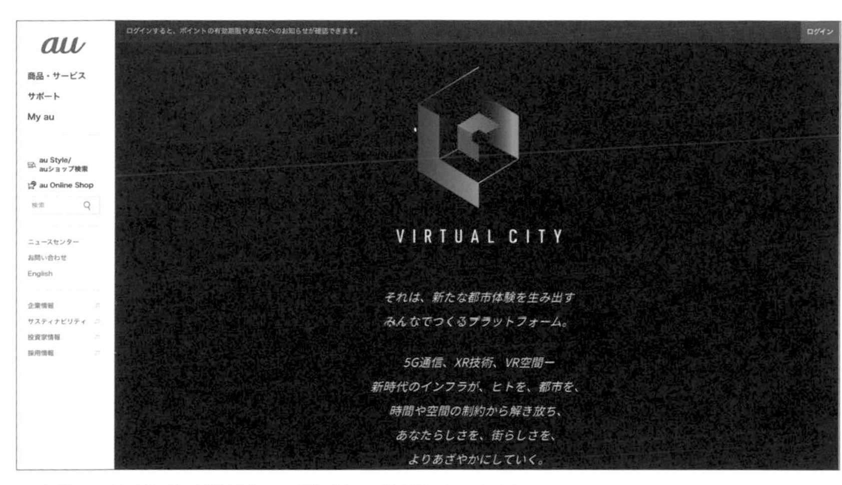

預計從2022年春季開始提供的au版元宇宙「VIRTUAL CITY」
（http://www.au.com/5g/virtualcity/）

ZEPETO因軟體銀行的大筆投資而備受矚目

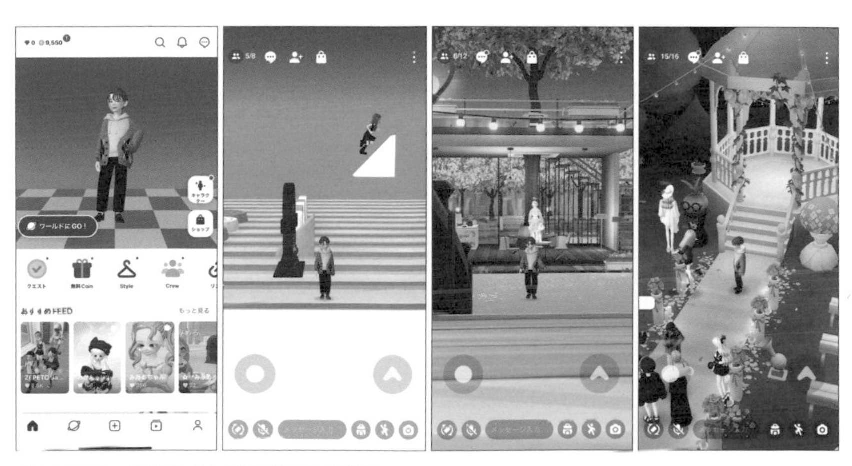

「ZEPETO」應用程式中遊玩畫面的示意圖

教育界透過直觀的體驗實現新的學習型態

活用VR教材以達到更好的學習品質

就VR的活用這層含意來說，教育界從很早以前就持續開發，可說是與元宇宙相容性絕佳的行業。

在由角川多玩國（DWANGO）所經營的「N高等學校（俗稱N高）」及「S高等學校（俗稱S高）」中，可以透過VR學習教材來學習英語、數學、國語、理科與社會等1,000多門課外教學。在理科中可以親身感受古代生物的龐大；在數學中則可憑直覺理解在平面中較難理解的立體構造。

此外，**「容許失敗」**也是元宇宙教育的優點。以英語為例，突然在現實中找外國人攀談會覺得「說錯了很丟臉」而難度提高，不過如果對象是虛擬分身則有個好處，就是會淡化失敗的恐懼感。對於大多生性害羞的日本人而言是最佳的教育工具。

不僅如此，還有一個優點是**「消除物理上的距離」**。換言之，不必到國外留學也可以在自家參加國外知名大學的課程，即便是社會人士也有可能邊工作邊攻讀國外大學的MBA學位。

目前教育體系的線上內容大多都是「看完就結束」，然而為了加深學習，學習後的討論是很重要的。這部分應該可以活用元宇宙來加以輔助。教育領域所追求的便是這種以人為中心的活用。

將VR技術活用於授課或教材

教育界開始出現愈來愈多可憑直覺學習的內容。還陸續推出英語會話之類的交流教材。

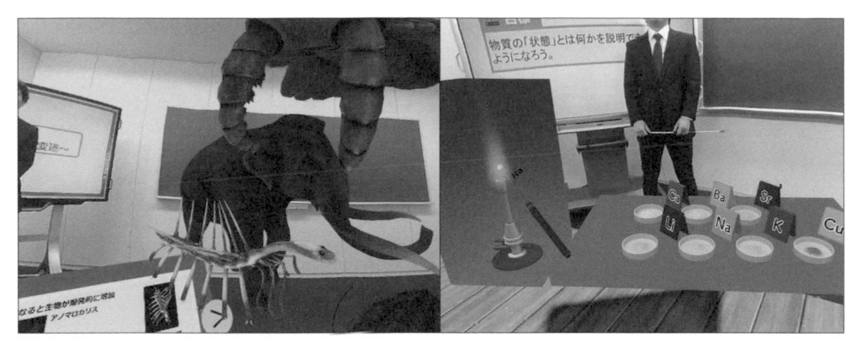

N高等學校與S高等學校中所使用的VR教材（資料取自新聞稿）

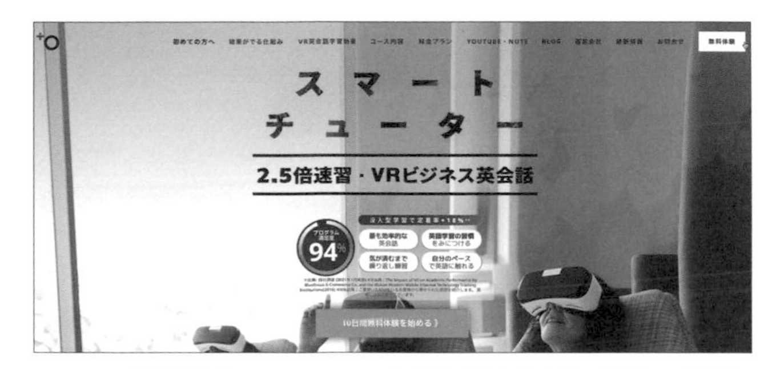

PlusOne所經營的「Smart Tutor」中蒐羅了豐富的方案，活用VR來學習
https://www.plusone.space/

透過雙向互動來加深體驗

元宇宙亦可有效作為教師與學生之間的討論場所，而非單純習得知識。

製造業持續將元宇宙活用於設計審查與展示推銷等方面

也有助於降低成本並進而提升顧客的方便性

元宇宙在製造業的用途主要有二，即在虛擬空間進行「設計審查」與作為「展示廳」。

在設計審查的領域中，生產GPU晶片的製造商NVIDIA已經開始推動可謂「數位孿生工廠版」的方案：「Omniverse」。從圖像來看就只是一家實體的工廠，不過全都是以CG模擬而成。在此之前若說到設計審查，大多都是確認產品本身的設計，但在「Omniverse」中則**可審查工廠本身。具體來說，可以在虛擬空間中確認「哪一條生產線要配置在哪個地方」或「在哪個地方配置作業員可以提升效率」等**。這其中蘊含著降低成本的無限潛力。

至於作為「虛擬展示廳」來活用，則以日本的日產汽車較為熱衷。德國的奧迪還可讓顧客在買車時透過VR確認擴充配件與顏色。就連經銷據點並未配置的擴充配件都能簡單比較一番，而且只要事先登記想加裝的擴充配件，即可在3D空間中從容不迫地確認理想中的那輛車。以促銷用途的層面來說，這也是比較容易理解的案例。

順帶一提，製造現場一般較常使用CAD，但因為數據的大小與格式上的不同而難以直接挪用到元宇宙上，只要今後能夠無縫挪用數據，活用範圍應該還會再進一步擴大。

用以即時模擬的虛擬平台

元宇宙在製造業的活用大多是在虛擬空間中進行設計審查，或是作為營銷時的虛擬展示廳。

NVIDIA與BMW的數位孿生方案
（資料取自NVIDIA網站 https://blogs.nvidia.co.jp/2021/05/10/nvidia-bmw-factory-future/）

在虛擬展示廳中加深顧客的體驗

VR、元宇宙上的虛擬展示場「NISSAN CROSSING」。已在《VRChat》中公開
（資料取自日產汽車新聞室）

醫療業盛行將元宇宙活用於手術培訓與治療用途等方面

不僅限於訓練與外科手術，在心理健康方面也能派上用場

在醫療業界中，已經有愈來愈多將元宇宙作為「模擬器」來運用的案例。

日本一家風險投資企業Ima Create與東大共同開發了一項專為醫學系學生設計的虛擬培訓，可以在虛擬空間中進行注射與插入導管的訓練。**畢竟從道德層面來說，要以人為練習對象並不是件容易的事，而且還存在失敗就會危及性命的危險。但如果是在VR空間中進行，就不會有這類風險。**

不光是培訓，將來在實際治療與手術上的活用應該也會日趨增加。在美國的約翰霍普金斯大學，已經有醫師在進行脊椎腫瘤切除手術時，戴上AR眼鏡並在影像中確認「該在哪個位置旋入螺栓」。

VR也開始被活用在心理健康的領域，比如用來克服懼高症等焦慮症。有一種「暴露療法」被用來克服焦慮症，即讓人循序漸進地習慣害怕的對象。目前有一家名為魔法App的公司提供這樣的體驗：利用VR重現令人恐懼的情境，以模擬的方式進行暴露療法。

要實現在元宇宙上進行遠距診療等直接的醫療行為，仍有法律上的障礙，不過仍稱得上是前途無限的行業之一。

專為醫學系學生開發的虛擬培訓

醫療業積極將元宇宙運用於外科手術的培訓等。今後在治療與醫療行為上的活用也備受期待。

皮下注射的樣子：疊加在模型上來學習技術
（資料取自Ima Create的新聞稿）

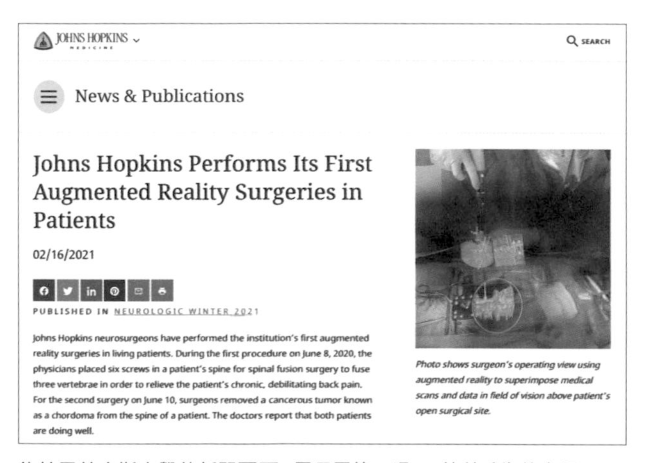

JOHNS HOPKINS MEDICINE

SEARCH

News & Publications

Johns Hopkins Performs Its First Augmented Reality Surgeries in Patients

02/16/2021

PUBLISHED IN NEUROLOGIC WINTER 2021

Johns Hopkins neurosurgeons have performed the institution's first augmented reality surgeries in living patients. During the first procedure on June 8, 2020, the physicians placed six screws in a patient's spine for spinal fusion surgery to fuse three vertebrae in order to relieve the patient's chronic, debilitating back pain. For the second surgery on June 10, surgeons removed a cancerous tumor known as a chordoma from the spine of a patient. The doctors report that both patients are doing well.

Photo shows surgeon's operating view using augmented reality to superimpose medical scans and data in field of vision above patient's open surgical site.

約翰霍普金斯大學的新聞頁面，展示了第一場AR外科手術的實況
https://www.hopkinsmedicine.org/news/articles/johns-hopkins-performs-its-first-augmented-reality-surgeries-in-patients

亦可利用VR來克服焦慮症

金融業與加密資產及區塊鏈密不可分

賺錢這個概念可能出現天翻地覆的變化

金融業超前「將元宇宙視為投資對象」，也已經有投資信託與基金投資元宇宙品牌。在此以「元宇宙中的金融」的角度來介紹一種被稱為「DeFi（Decentralized Finance）」的分散式金融。「DeFi」的概念近似於到目前為止介紹過的Web3，指的是以區塊鏈為基礎而沒有管理者的金融。以方便性來說，透過實體銀行進行國外匯款必須支付高額手續費，**而DeFi則是憑藉程式來執行一切，所以可降低時間與金錢上的成本。此外，交易紀錄會全部保留於區塊鏈中，所以連貸款的信用審查都能迅速執行**。

既然今後要在元宇宙中逐步開創經濟圈，負責資金面之流通與管理的金融將會成為不可分割的要素。今後的開放式元宇宙將不會有中央集權式的管理者，而分散式機制的「DeFi」的重要程度應該會水漲船高。

不僅如此，如今甚至出現一種遊戲與金融結合而成的形式，即所謂「GameFi」（遊戲＋DeFi）的全新概念。這是「透過在玩遊戲中所獲得的NFT物品來賺取代幣」，只要將代幣兌換成實體貨幣，在現實世界中也能過活。實際上，越南與菲律賓已經出現一群人憑藉玩一款名為「Axie Infinity」的區塊鏈遊戲來維生。

概念近似Web3的分散式金融：「DeFi」

在以開放社會為理想的元宇宙中，連金融都追求開放。

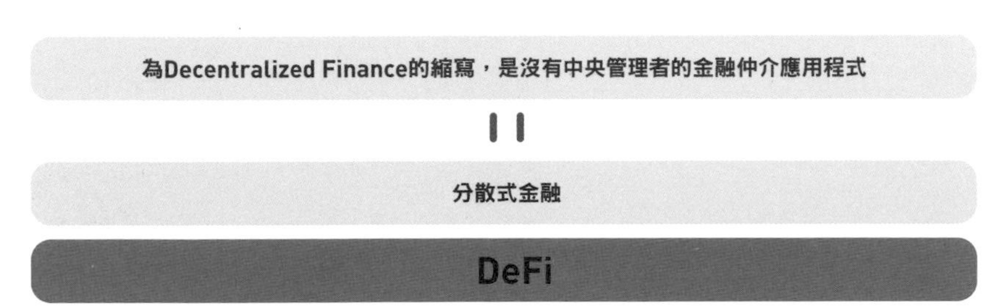

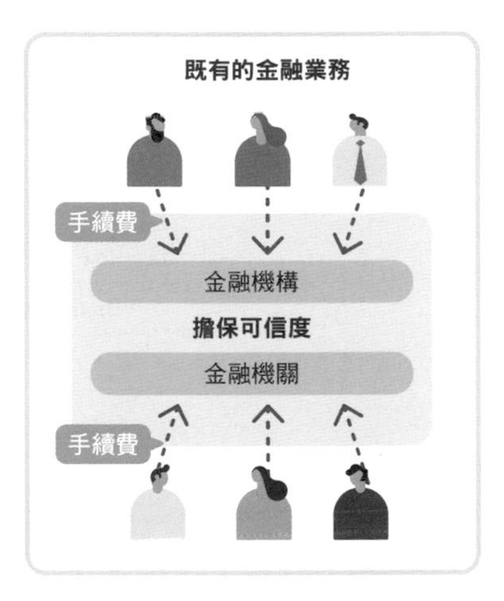

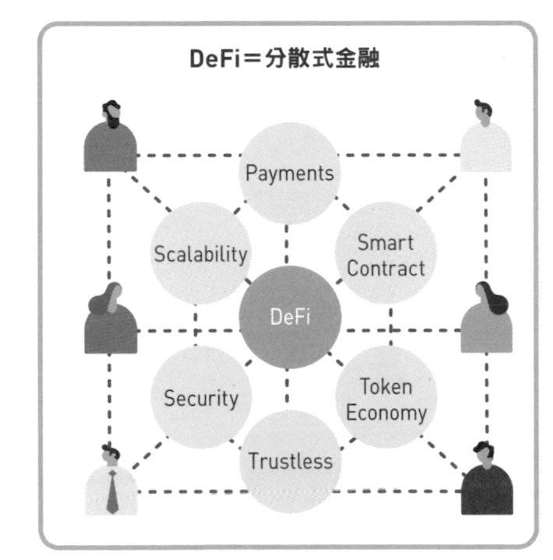

透過Game＋DeFi來賺錢

出現「Play to Earn」的概念，即在遊戲中邊玩邊賺取代幣。

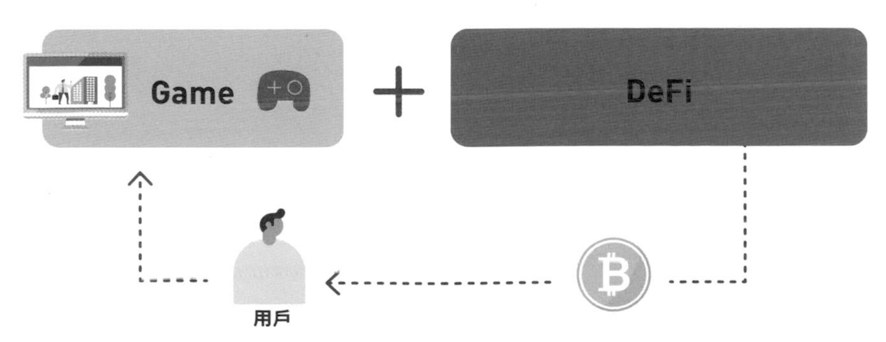

Column

「只靠玩樂就能過活」的世界已經存在！

前面已經說明，所謂的「GameFi」即「遊戲」＋「DeFi」（Decentralized Finance／分散式金融）。「Play to Earn」＝「邊玩邊賺」，這種概念換句話說就是一個「光靠玩遊戲就能賺錢」的世界。實際上，在以2D為主的遊戲中已經部分實現此概念。

2018年於越南發行了一款名為「Axie Infinity」的遊戲，在其中流通的貨幣即為一種加密資產的代幣。遊戲本身是相當典型的內容，即使用名為Axie的怪獸來進行戰鬥、繁殖、培育與交易，不過所有Axie都被製成NFT，故可拍賣自己培育的怪獸，抽到較稀有的怪獸時則可將其賣給其他用戶等，以此獲得代幣作為回報。

關鍵在於，這些代幣與以太坊息息相關，只要將遊戲內的代幣轉入以太坊，最終可兌換成現金。換言之，在遊戲中賺錢已經可以賺到真的錢。

在平均所得較低的東南亞國家，每天只要玩幾小時的遊戲就能賺取1個月的收入。以菲律賓為例，據說已經有人光靠這款「Axie Infinity」就能維持生計。

「靠玩遊戲賺錢」聽起來很像是科幻世界裡的事，但是正如智慧型手機普及時期催生出「免費增值」這種可免費玩遊戲的新商業模式，「Play to Earn」今後很有可能大幅發展。

Part 6

元宇宙的未來？

成功的條件與課題

為了普及於大眾，殺手級內容有其必要

充滿魅力讓人想體驗看看的內容將關乎到普及與否

正如到目前為止所介紹的，雖然已出現像《機器磚塊》與《要塞英雄》這類熱門的遊戲，但是除了核心的遊戲玩家族群外，還未明確存在人人都想嘗試的殺手級內容。

比方說，被問及「是否有平日常用的元宇宙服務？」時，很多人都想不到什麼特別值得一提的，這便是現狀。換言之，目前尚未出現像智慧型手機普及時期的LINE或《龍族拼圖》那般能夠強烈吸引很多人的服務。

作為讓元宇宙廣為普及的第一步，能否出現這類殺手級內容至關重要。一旦出現這樣具吸引力的內容，**就會提高所謂的「網絡效應（network effect）」——愈來愈多人「想體驗那些內容」，進一步帶動更多人基於「大家都在用」的理由而開始使用**。

以供應商的立場來說，只要用戶增加，商機就會隨之擴大，因此各家企業都想著「我們也試著推出元宇宙的應用程式吧」而紛紛開始規劃，新的內容日益增加。如此一來，用戶又會增加，然後再度從中催生出更受歡迎的內容……這樣的循環油然而生。

在如今的元宇宙中，已經有這樣的循環在遊戲領域中緩緩運作，但影響範圍仍然有限。元宇宙今後能否正式普及，可說是取決於「人人都想使用的殺手級內容」的出現。

殺手級內容的出現將成為普及的關鍵

殺手級內容是從何處產生？

模式1

從既有的熱門遊戲平台中衍生而出

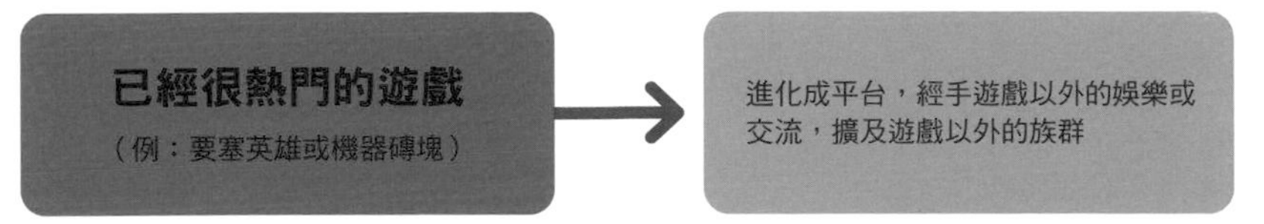

模式2

元宇宙原創的服務大受歡迎

從一開始就對「廣泛的娛樂或交流之所」這點
有所認知的原創平台大受歡迎

（例：VRChat、ZEPETO等）

確立遊戲以外的使用案例至關重要

日常中所使用的事物將會成為廣為普及的關鍵

元宇宙號稱是「3次元的網際網路」。網際網路如今是日常生活中不可欠缺的一部分，不使用的人反而罕見。除非元宇宙也滲透日常生活到這種程度，否則稱不上是真的普及。

為此，必須達成「逐步擴展至與遊戲無關的領域」。這點和個人電腦的歷史一致——最初是因遊戲用途而擴展開來，不過後來出現PowerPoint與Excel等辦公室類的軟體且愈來愈常用於職場與學校等場合，結果也拓展至遊戲玩家以外的族群，實質上成為社會生活中不可或缺的基礎設施。

元宇宙如今也被認為只與以遊戲玩家族群為主的一部分人有關，但是如果能將使用案例擴展至遊戲之外，應該會漸漸有更廣泛的用戶訪問才是。

元宇宙目前只被運用於遊戲與演唱會這類非日常的情境，不過如果也開始用於工作、購物與學校授課等日常生活之中，將會一下子逆轉非日常與日常的主從關係，換言之，**即可抵達「待在虛擬世界中成為常態」的目的地。元宇宙將會從稀奇的「非日常」變成理所當然的「日常」**。

先推出殺手級的內容，之後再確立遊戲以外的使用案例，為了讓元宇宙廣為普及，這樣的步驟至關重要。

「待在虛擬世界中成為常態」的世界

拓展元宇宙的用途與使用者，會連帶拓展人們的可能性，帶來更加刺激且有趣的未來。

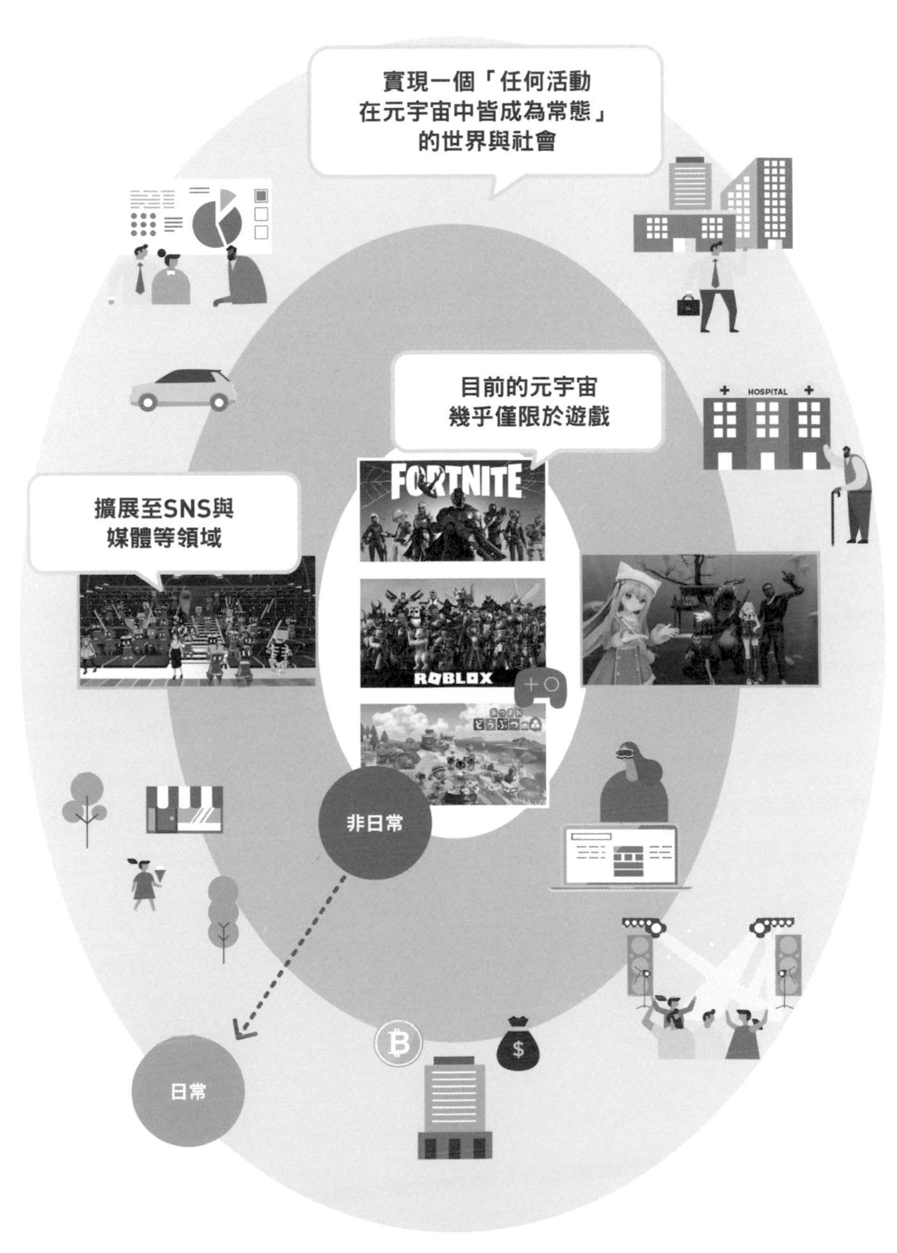

能否與既有的網站或原本的內容互相配合？

一步步將2D置換成3D

《cluster》上有一個方案是「觀看日本國家足球隊的賽事」，這讓虛擬分身在元宇宙空間內一起觀看2D的賽事。將來或許連比賽都能全部轉為3D影像，從選手的角度來觀看比賽等，不過先結合既有的2D影像以確保有一定的內容量，讓用戶習慣元宇宙，這樣比較切實際。

Meta公司發表了「Horizon Home」作為Quest內的主畫面，允許用戶在元宇宙內使用Slack與Instagram等既有的應用程式。然而，還是只能以2D來觀看，並非各個應用程式都轉成了3D。想必現階段是要先致力於增加在元宇宙上可以使用的2D內容，藉此提高方便性。

這點和網際網路在起步階段先按部就班地將紙上作業加以數位化的狀況很類似。感覺就像是把紙上的TownPage（日本可免費登記餐飲店的地址與電話號碼的電話簿）化為home page（網路主頁）、把旅遊雜誌轉成旅遊網站等。當這些數位化的轉換全部完成後，才終於出現像SNS或影片發布服務等網路原創的內容。許多人為了尋求只存在於網際網路上的資訊而聚集，其實是近期才出現的狀況。

元宇宙亦是如此，**若從一開始就要全數打造成3D內容，耗費的成本會相當可觀，因此應該會結合既有的2D內容、以階段性轉移的形式來推進。**

與持續增加的實體內容之間的連動

元宇宙的原創內容量目前仍處於發展階段。初期必須與既有的內容互相配合。

在au所舉辦的活動「日本國家代表隊賽事 大家一起進入元宇宙熱情觀戰！」中，是將2D影像與元宇宙加以融合
https://www.au.com/sports/soccer/ouen-cp/

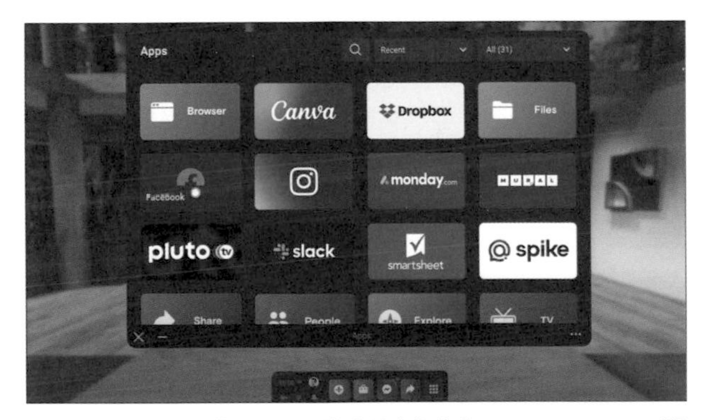

2021年10月，公布「Meta」品牌時所介紹的「Horizon Home」。既有的應用程式將會以2D版應用程式的形式在VR上運作（資料取自Meta公司的新聞稿）

網路原創內容的發展

何時會推出墨鏡型等簡便的裝置？

不受限制的獨立式是必備品

目前主要是從智慧型手機或PC來進入元宇宙，不過若要充分享受元宇宙的魅力，使用VR眼鏡或AR眼鏡會比較理想。為了普及這類XR裝置，小型輕量化成了最大的課題。

右頁上方的照片是HTC公司於去年年底發售的VR眼鏡「VIVE Flow」。是透過Bluetooth連接至智慧型手機來使用，本體很輕，僅189公克，並以貼合度佳為賣點。智慧型手機直接化作VR控制器等，配件類也經過大幅簡化，似乎很方便實用。

右頁下方的照片則是松下電器的子公司Shiftall所推出的VR設備「MeganeX」。是透過電纜連接至PC來使用的PC連接型裝置。這款的特色也是本體很輕，約250公克。這麼輕巧意味著移動頭部時護目鏡不太會晃動，所以似乎也能減少沉浸感的流失。

這兩款都**經過大幅輕量化，解析度也很高，但現階段都不是完全的獨立式，「VIVE Flow」必須連接智慧型手機，「MeganeX」則是連上PC來使用**。目前的現狀是，要設計成獨立式且將尺寸縮小至太陽眼鏡的大小，在硬體方面仍有很大的技術限制。然而，硬體的改良正穩步地突飛猛進，所以一般認為數年內即有望實現。

裝置經過輕量化且解析度也有所提升

要讓VR頭戴顯示裝置普及，小型化與輕量化是最大的課題。各家製造商也陸續推出以輕量化為目標的新裝置。

VR眼鏡「VIVE Flow」的產品頁面
https://www.vive.com/jp/product/vive-flow/overview/

Shiftall所公布的VR設備「MeganeX」的產品頁面
https://ja.shiftall.net/products/meganex

VR設備雖持續進化

可讓五感沉浸其中的完全潛行技術之夢

需要「3種功能」才能實現

所謂的「完全潛行」意指「用盡五感來享受VR空間」。倘若能實現，如《刀劍神域》或《駭客任務》般的世界就能成真，不過據說需要3種功能。

第一種功能是**「將虛擬空間內的虛擬分身所感受到的五感資訊回饋給操作者的大腦」**。既然是五感，就不單只是視覺與聽覺，還含括觸覺、味覺與嗅覺。第二種功能是**「將大腦的輸出訊號轉換成操作數據，以此操作虛擬空間內的虛擬分身」**。

這是一種大腦資訊的輸出，又稱為「腦機介面（brain-machine interface）」。第三種功能則是**「關閉操作所需以外的所有感官」**，也就是所謂的徹底沉浸型。

第二種正朝商業化不斷進行開發。最近蔚為話題的便是裝置開發人員專用工具包「NextMind」的發售。

只要將裝置戴在頭上，即可讀取大腦視覺皮層的電流訊號並操作Bluetooth所連接的電腦。雖然需要適應，但似乎已經能做到利用腦波來輸入密碼數字的程度。

要實現完全潛行式的元宇宙仍有巨大的技術難題須克服，不過許多人都夢想著一個如科幻世界中所描述般可用盡五感來享受的虛擬世界。這個主題是吸引人們進入元宇宙世界的要素之一，今後的發展備受期待。

正持續研究的完全潛行技術

已有研究與專案志在實現完全潛行技術。也持續推動腦波輸入裝置的商業化。

用以實現完全潛行於虛擬空間的3大必要條件

❶ 將虛擬空間內的虛擬分身所感受到的五感回饋給操作者的大腦的功能	輸入處理
❷ 將大腦的輸出訊號轉換成操作數據，以此操作虛擬空間內的虛擬分身的功能	輸出處理
❸ 關閉操作所需以外的所有感官的功能	大腦與虛擬分身間的協調處理

參考「Motto AR」(https://www.motto-ar.com/full-dive-vr-202106/)編製而成

腦波輸入裝置實用化

NextMind已經開始販售開發專用工具包。將下圖的裝置安裝於帽子或VR設備的後側，在緊貼後腦杓的狀態下讀取腦波。

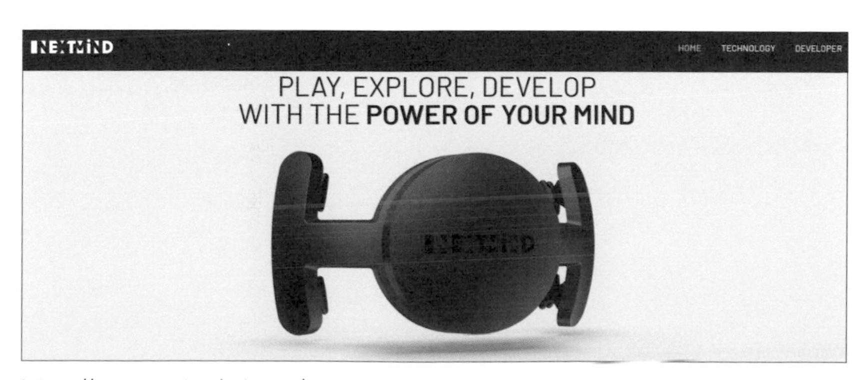

https://www.next-mind.com/

元宇宙空間裡的物品能否被承認為所有物？

必須盡快立法規範以免日本落後於人

日本的法律基本上規定「唯有以物理形態存在的物品才會產生所有權」，因此若被問到「NFT被盜或遺失時，是否可根據所有權來要求損害賠償？」我也只能回答「法律上無從認定」。

再者，還有稅制的問題。數位代幣已經具備數十億日圓的價值，但是在日本卻是法律上的課稅對象。比方說，一旦「數位上的代幣值20億日圓」，當下就會產生相對於20億日圓的納稅義務，結果造成這樣的事態：明明未兌換成現金，卻必須支付數億日圓的稅金。

目前的現狀是，法律規範跟不上科技進化的速度，考慮到元宇宙的普及與發展，必須盡快做出應對之策。這麼說是因為若不如此，將會無法在日本孕育出平台。不僅限於元宇宙，日本人若要推出活用代幣的新服務，在日本就會成為課稅對象，所以選擇在稅制上較為有利的新加坡創業的案例日趨增加。**元宇宙與加密資產目前並非必備要素，但是將來其連結很有可能變得更加緊密。如若發展至此，在現有的法律制度下，日本的立場會相當不利，主要平台恐怕會被國外勢力所把持。**

當然單一企業無法獨力完成立法規範，如此想來，元宇宙已經逐漸成為國家級的問題。

元宇宙空間也存在法律上的課題

數位物品的所有權在法律上尚未獲得認可，而且還有稅制上的難題待解。

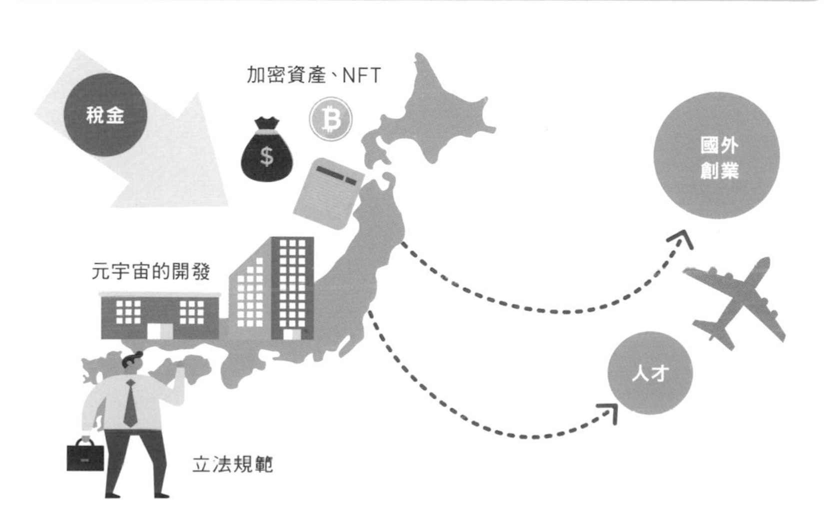

能否超越世代與階級差距，廣為社會所接受？

能否跨越鴻溝的關鍵時刻

雖說元宇宙是國家級的問題，但在這之前還有一個「chasm」級的問題。chasm是網路用語，表示「鴻溝的深度」。請見右頁上圖。僅因「新穎」或「好像很有趣」等「新奇感」而熱衷於此的族群，屬於創新者（innovator）或早期採用者（early adopter）；相對於此，被稱為早期大眾（early majority）或大眾（majority）的族群，使用動機是出於「方便」。至於那些被稱為晚期大眾（late majority）或落伍者（laggard）的人們，則會等到覺得「周遭人們都在用，自己不用就落伍了」才會開始使用。這和祖父母為了與孫子聊天而心不甘情不願地買了智慧型手機，並開始使用LINE的模式很類似。

令人遺憾的是，**元宇宙尚未能跨越早期採用者與早期大眾之間的那道chasm（鴻溝）**。日本的趨勢研究在進行調查時問到「你知道元宇宙一詞嗎？」有75%的人回答「不知道」。

能否跨越那道鴻溝成為當前的課題。反過來說，風險投資企業與新創企業有必要在跨越鴻溝之前就先行投入。這麼說是因為一旦跨越了鴻溝，早期大眾就會開始使用元宇宙，大企業也沒有理由不投入，所以競爭會一下子轉趨白熱化。

為了跨越鴻溝，就需要有殺手級內容或殺手級應用程式，好讓更多人產生想要使用的念頭。對供應商來說，感覺現在正是決定勝負的時刻呢。

根據鴻溝理論劃分的用戶屬性

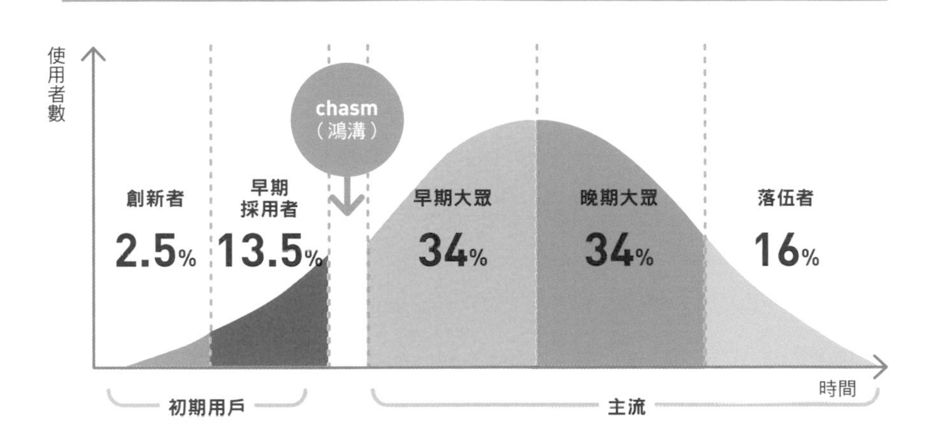

對元宇宙的認知度今後才正要開始提高

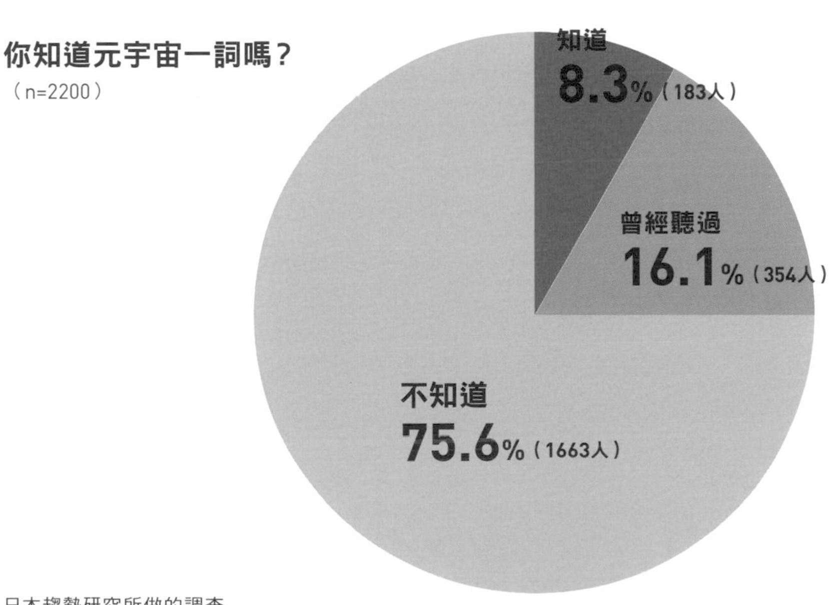

日本趨勢研究所做的調查
日本趨勢研究(https://trend-research.jp/11761/)
株式會社NEXER(http://www.nexer.co.jp)

元宇宙何時才能全面普及？

邁向元宇宙一詞變得普遍的世界

請參考右頁的圖是利用在商務場景中常用的「PEST分析」來分析元宇宙。

以「政治」的觀點來說，稅制與法律方面不夠完善就很難廣為普及。以「經濟」面來看，除非有愈來愈多人意識到「元宇宙有利可圖」，否則參與其中的玩家不會持續增加。若以「社會」的層面來說，則有必要廣泛傳播「在虛擬空間與人相見很開心」或「可以展現真實自我」等積極的價值觀。在「技術」層面，不光是設備的小型化，AI與區塊鏈技術的進階發展應該也是不可或缺的。

這四大方面的課題都堆積如山，所以必須腳踏實地逐一解決。當這些達到平衡且時機已到，正式普及的那一刻才會到來。

最終，**在元宇宙變得理所當然的世界裡，元宇宙一詞本身將會不再具有存在感**。這就好比現在被問到「你平常都做些什麼？」時，有人會回答「看YouTube」或「玩《龍族拼圖》」等，但不會有人回答「使用網際網路」，是一樣的道理。

就算沒有刻意提到元宇宙，在虛擬世界中開會、和朋友同樂或購物等變得天經地義，這種時候才稱得上是一個元宇宙普及的世界吧。

實現元宇宙必須在宏觀環境裡歷經中長期的變化

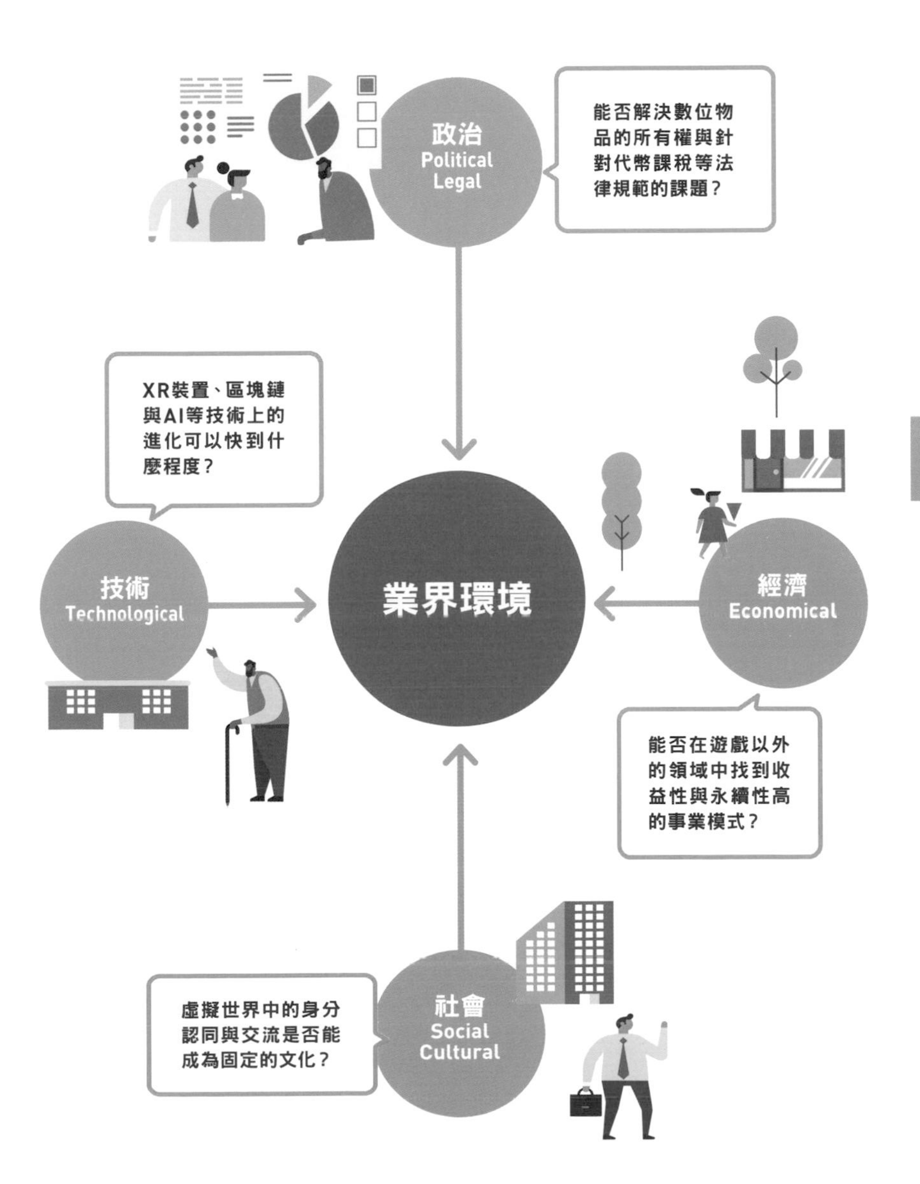

Part 6 成功的條件與課題

〈 附錄 元宇宙相關企業一覽表 〉

經營平台的企業

KDDI株式會社 http://www.kddi.com/

預計提供都市連動型的元宇宙平台「VIRTUAL CITY」，為au版元宇宙。

日本電信電話株式會社（NTT） http://www.ntt.co.jp/

提供可經由瀏覽器訪問的XR空間平台「DOOR」。

聚逸株式會社 http://www.gree.co.jp/

主要以《REALITY》進軍元宇宙事業，這是一款透過虛擬分身，任何人都可以像VTuber般進行直播的應用程式。

凸版印刷 https://www.toppan.co.jp/

開發出智慧型手機的應用程式「Metapa」，如購物中心般將建構於虛擬空間中的多家店鋪集中於一處。

ANA控股株式會社 https://www.ana.co.jp/group/

集團旗下的ANA NEO公司正在開發虛擬旅行平台「SKY WHALE」。

株式會社三越伊勢丹控股 https://www.imhds.co.jp/ja/index.html

在智慧型手機專用的虛擬都市空間平台「REV WORLDS」上開設了虛擬伊勢丹新宿店。

Cluster株式會社 https://corp.cluster.mu/

經營盛行音樂演唱會或發表會等活動的元宇宙平台《cluster》。

株式會社Synamon https://synamon.jp/

預計提供法人專用且適合品牌打造與宣傳的元宇宙綜合平台。

monoAI technology株式會社 https://monoai.co.jp/

提供適合活用於商務、可同時多方連接的虛擬空間「XR CLOUD」。

株式會社VARK https://corp.vark.co.jp/

經營以虛擬演唱會為主、側重於娛樂的元宇宙「VARK」。

株式會社360Channel https://corp.360ch.tv/

開發出在高品質的3D空間中具有高操作性的獨家Web元宇宙系統。

株式會社Virtual Cast https://corp.virtualcast.jp/

提供社交VR服務「Virtual Cast」，經過最佳化而適合進行多人即時交流與發布訊息。

株式會社Psychic VR Lab https://psychic-vr-lab.com/

經營VR／AR／MR的創作平台「STYLY」，並公布將以真實元宇宙平台之姿來發展。

株式會社Hacosco https://hacosco.com/

除了製作數位儲存與高端元宇宙世界外，還公布將提供電商元宇宙「meta store」。

株式會社Hashilus https://hashilus.co.jp/

提供「Mechaverse」，可在用戶可從Web瀏覽器輕鬆參加的元宇宙空間中舉辦虛擬活動。

Symmetry Dimensions Inc https://www.symmetry-dimensions.com/

提供平台「SYMMETRY Digital Twin Cloud」，可建構空間與都市專用的數位孿生。

提供內容的企業

株式會社史克威爾艾尼克斯 http://www.square-enix.com/jpn/

經營熱門的MMORPG《最終幻想XIV》，並公布今後將積極投資元宇宙的方針。

任天堂株式會社 http://www.nintendo.co.jp/

《集合啦！動物森友會》為元宇宙的代表性案例之一而備受矚目。

株式會社萬代南夢宮控股 https://www.bandainamco.co.jp/

公布將以「IP元宇宙」之開發作為核心戰略，以《鋼彈》等內容為主軸。

AVEX TECHNOLOGIES株式會社 https://avex-technologies.com/

公布主題樂園「avex LAND（暫稱）」即將開幕，屆時藝人與粉絲可在《沙盒》內的虛擬空間中進行交流。

株式會社集英社 https://www.shueisha.co.jp/

成立「集英社XR」並開始運作，將集英社持有的所有媒體皆化為XR、建構XR系統並加以運用。

株式會社Thirdverse https://www.thirdverse.io/

開發著眼於「VR×元宇宙」的遊戲，比如VR多人鬥劍動作遊戲《卡岡都亞之劍》等。

株式會社HIKKY https://www.hikky.co.jp/

舉辦全球規模最大的VR活動「Virtual Market」，並提供VR內容開發引擎「Vket Cloud」。

MyDearest株式會社 https://mydearestvr.com/

開發並發行以「CHRONOS UNIVERSE」這個原創IP為主軸的VR遊戲。

pixiv株式會社 https://www.pixiv.co.jp/

提供建模軟體「Vroid Studio」，側重於人型虛擬分身（虛構角色）的3D模型製作。

Monex Group株式會社 http://www.monexgroup.jp/

旗下子公司Coincheck株式會社在《沙盒》與《Decentraland》等元宇宙平台上展開都市開發。

MetaTokyo株式會社 https://metatokyo.xyz/

經營活用NFT的開放式元宇宙中的文化都市「MetaTokyo」，為Fracton Ventures、ASOBISYSTEM與ParadeAll這三家公司所成立的合資公司。

支援開發的企業

株式會社電通集團 https://www.group.dentsu.com/jp/

成立集團跨部門組織「XRX STUDIO」並開始運作，支援活用元宇宙的活動推廣的企劃開發。

株式會社博報堂DY控股 https://www.hakuhodody-holdings.co.jp/

成立兼具博報堂DY集團旗下企業各種強項的跨部門組織「hakuhodo-XR」並開始運作。

株式會社CyberAgent http://www.cyberagent.co.jp/

成立側重於虛擬店鋪開發的旗下企業「株式會社CyberMetaverse Productions」。

伊藤忠Techno-Solutions株式會社 http://www.ctc-g.co.jp/

支援在日本導入由美國NVIDIA所提供的虛擬空間開發平台：「NVIDIA Omniverse Enterprise」。

株式會社KAYAC https://www.kayac.com/

成立元宇宙專門部門，著手製作《擅長捉弄人的高木同學VR》與《傷物語VR》等內容。

株式會社IMAGICA GROUP https://www.imagicagroup.co.jp/

集團旗下公司IMAGICA EEX所提供的「Virtual TGC」重現了「東京女孩展演（TGC）」的世界觀。

株式會社ambr https://ambr.co.jp/

提供法人專用的元宇宙建構平台「xambr」，並與電通共同開發「TOKYO GAME SHOW VR 2021」。

株式會社CREEK & RIVER https://www.cri.co.jp/

專為法人提供各種XR內容的開發支援，VR／NFT藝術家「關口愛美」也是其中一員。

株式會社理經 http://www.rikei.co.jp/

專為自治體與企業提供使用《虛幻引擎》製成的VR內容，為EPIC GAMES的開發者專案所採用。

Ima Create株式會社 https://ima-create.com/nup/

開發以分享焊接訓練或診察培訓等身體動作為特色的法人專用內容。

株式會社HoloLab https://hololab.co.jp/

以建築業與製造業為中心，支援開發B to B專用的MR或元宇宙內容，為研究開發型的企業。

株式會社MESON https://meson.tokyo/

以AR為主軸的創新工作室，運用空間運算技術來開發內容為其強項。

Pretia Technologies株式會社 https://corporate.pretiaar.com/

開發AR雲平台「Pretia」，並為企業提供解決方案來進行AR服務的企劃、開發與經營。

株式會社VRC https://www.vrcjp.com/

主要針對法人展開活用3D人體掃描儀的3D虛擬分身平台之業務。

株式會社space data http://spacedata.ai/

推動活用衛星數據與AI在虛擬空間中自動生成「世界」的專案。

符號、數字

英文字母

1～5畫

6～10畫

11～15畫

16畫以上

作者

武井勇樹

株式會社Synamon執行董事／COO

畢業後就進入IT風險投資公司「株式會社Speee」從事以SEO為主的Web行銷顧問等工作。後來因考慮到技術革新最先進的矽谷學習商務管理，而進入加州大學柏克萊分校進修推廣中心（UC Berkeley Extension）並修完國際證照課程（IDPs）。從2018年起受到XR的可能性吸引，遂以株式會社Synamon商業開發之名義參與計畫。於2021年8月就任執行董事COO一職，目前負責所有商務網站的統籌。

超解析元宇宙新浪潮
深入理解微軟、Meta等知名企業也關注的新經濟模式與商機布局

2022年12月1日初版第一刷發行

作　　者　武井勇樹
譯　　者　童小芳
編　　輯　曾羽辰
特約美編　鄭佳容
發 行 人　若森稔雄
發 行 所　台灣東販股份有限公司
　　　　　<地址>台北市南京東路4段130號2F-1
　　　　　<電話>(02)2577-8878
　　　　　<傳真>(02)2577-8896
　　　　　<網址>http://www.tohan.com.tw
郵撥帳號　1405049-4
法律顧問　蕭雄淋律師
總 經 銷　聯合發行股份有限公司
　　　　　<電話>(02)2917-8022

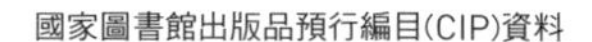

國家圖書館出版品預行編目(CIP)資料

超解析元宇宙新浪潮：深入理解微軟、Meta等知名企業也關注的新經濟模式與商機布局/武井勇樹著；童小芳譯. -- 初版. -- 臺北市：臺灣東販股份有限公司, 2022.12
160面；14.7×21公分
譯自：60分でわかる!メタバース超入門
ISBN 978-626-329-606-0(平裝)

1.CST: 虛擬實境 2.CST: 數位科技

312.8　　　111017593